Charactor

Phyllicia

フィリシア
本作の主人公
物理が苦手な王女様

Litera

リテラ
フィリシアの
お世話係

Zeta

ゼタ
物理のグランドマスター
フィリシアの師匠

Drew

物理使いドリュー
概念図を描画することで
現象を説明する派

Prime

物理使いプライム
微分積分を使って
現象を説明する派

Delta

物理使いデルタ
代数計算で現象を
説明する派

物理をテーマにファンタジーが展開するという奇抜なア
イデアから、イラストもとても楽しくやらせていただき
ました。じつは装画よりも前にキャラクターデザインを
完成させるという進行で、これは佐藤先生の中で登場人
物の人物像がかなり大きな比重を占めていることの現れ
だったと思います。結果的にそれらのキャラクターに
引っ張られてお話が書き進められたと聞いて、装画にも
彼らの人となりとその冒険の軌跡を描き出すことができ
たように感じています。
フィリシアはいっけん今どきの女の子ですが、王族とし
ての品格や矜持も自然に身に纏っている雰囲気を大切に
しました。彼らの旅を共に楽しみましょう！

—— pomodorosa

プリンセス・フィリシア

Princess Phyllicia

物理の迷宮に挑む！

佐藤 実 著

pomodorosa イラスト

物理の迷宮

Ohmsha

この本には、物理嫌いのプリンセス・フィリシアが「物理使い」となるべく奮闘する物語が綴られています。フィリシアの試行錯誤をともに辿るうちに、いつしか物理の世界に親しんでいる、そんな読みものを目指しました。

　もしあなたが物理を苦手と感じるなら、それは物理という世界に不慣れなだけかもしれません。

　初めて訪れる国では、勝手がわからず不安になるものです。まごつくことや戸惑うこともあるでしょう。思わぬ勘違いや、もしかすると恐怖を感じることすらあるかもしれません。しかし大概は恐れるほどのことはなく、しばらく滞在するうちに自在に振る舞えるようになっているものです。

　物理も同じです。馴染みのない常識や不慣れな慣習に尻込みして心を閉ざしてしまっては、新たな世界を見つける機会を逃してしまいます。

　そこでこの本では、ファンタジー世界の物語を楽しんでいるうちに、物理にまつわる知識だけでなく、教科書ではことさら触れられることのない作法や心得も身についている、そんな趣向を凝らしてみました。

　あなたも、フィリシアと物理の迷宮に挑み、豊かな学びの世界への扉を開いてはみませんか。

Contents

4th door　密度の扉

5th door　最後の扉

Epilogue

†

ここに綴られしは
物理嫌いでありながら
物理使いとなることを請われ
世の行く末を託されたる
〈物理の迷宮〉を守護する国の姫
フィリシアの物語

此の書を繙く者もまた
己が魂を軛から解き放ち
見立てを惑わす魔物を討ちて
惹かれるままに思考の翼を展げん

ともに世界の調べに心震わせ
宇宙の理に心躍らせんことを
希わん

†

Prologue

　抜けるような紺碧の空。

　天をつく白銀の峰々。

　その稜線を遥かに仰ぐ九十九折りを、着飾った老若男女の列がゆるゆると下っている。色とりどりの帽子や頭巾、首巻きや肩掛けが陽光に映え、荒涼とした山肌と鮮やかな対照をなしている。

　決して華やかではないし艶やかでもないけれど、思いおもいの装いが描きだす、てらいのない麗しい景色。皆の心遣いが、目に染みる――。

　今日わたしは、〈物理の迷宮〉へと向かう。

　物理使いとなるための修行の場であり、選抜の場でもある、〈物理の迷宮〉。迷宮に入り、塔を攻略できた者だけが、物理使いを名乗ることができる。

　物理はこの世界を統すべる要だという。

　たしかに、物理を自在に操る物理使いによって、自然界の仕組みが解かれ、宇宙の成り立ちが明かされてきた。そうして得られた知見は、この世界の人々に豊かさをもたらしてきた。

　しかし物理もまた、他のさまざまな知識や知恵と同じように、諸刃の剣であることに変わりはない。使い方を誤れば世界を滅ぼしかねず、悪用すれば人々を踏みにじることもできる。

　その規範は、古よりの習わしによって、規則や法律といった強制力によってではなく、それぞれの物理使いの良識によって、保たれていた。そして、そのような物理使いを世に送りだす〈物理の迷宮〉は、守護者たるこの国の累代の王によって守りつがれてきた。わたしの父も、王だった……半年前までは――。

　聡明な物理使いとして世に知られた父は病に倒れ、帰らぬ人となった。父の亡きあと、王位は兄に継承されるはずだった。兄も優秀な物理使いで、臣下の信頼も厚く、皆から慕われていた。しかし兄は、修行を兼ねた巡行の旅に出たまま戻らず、便りがないまま３年が過ぎていた。

　この国は、〈物理の迷宮〉を預かるだけの小国に過ぎないが、正当な王位継承者が行方不明であることを嗅ぎつけた列強によって、政治的に危うい立場へと追

いこまれつつあった。少なくとも、王位継承者の不在という異常事態は、早急に解消されなければならなかった。

　法的には、王位継承権をもつ最後のひとりが、わたしだった。

　だが、〈物理の迷宮〉の守護者たる王位継承者として承認されるには、物理使いの称号をもたなければならない。

　そしてわたしは、物理はあまり得意とはいえない。

　……いえ、自分を偽ってはだめね。

　物理は苦手。大嫌い。できれば避けて通りたかった。血筋や家柄なんて関係ない。嫌なものは嫌なのだ。

　幼い頃は、父の膝の上が大好きだった。お話をねだると、穏やかな声でいろいろな故事や伝承を聞かせてくれた。

　けれど父のまわりには、つねに物理使いたちがいた。いつもいつも、わけのわからない文字や記号を書きなぐり、自分がいかに正しく相手はいかにわかっていないかを罵りあっていた。そんな諍いを聞かされるのが疎ましかった。温かみの欠片もない数字や公式に熱をあげる物理使いたちが、いとわしかった。そこにわたしの居場所は、なかった。

　はみ出し者のわたしは、しだいに物語の世界に耽るようになった。手に汗握る冒険、胸が熱くなる無償の愛、そして心温まる大団円――物理を究めるよりも、物語に浸っているほうがずっと楽しかった。

　そんな変わり者のわたしを、誰も当てになんて、していなかったのに……。

　いけない、いけない。

　また、うつむいてる――。

　顔をあげなさい、フィリシア。あなたはこの国のプリンセスでしょ。王家の一族には、〈物理の迷宮〉の守護者としての責任がある。国の安寧を守るため、世界の秩序を保つため、迷宮に入り、塔を攻略して、物理使いの称号を得なければならない。

　行列の先頭は、吊り橋の手前ですでに歩みを止めていた。狭い山路には逃げ場がなく、あとからやって来る者たちで人溜りが伸びていく。斜面はここから断崖となり、岩を蹴りくだる激流まで、一気に落ちている。

　風がすうっと頬をなで、髪をふわりとゆらす。

谷風が、いつもより早い。

快晴の空に輝く太陽が、そっと背中を押してくれているみたい。

姿勢を正し、列の前に進みでる。

「皆、ありがとう」

優しく響く余所行きの声で呼びかけ、明るい笑顔で行列を見わたす。

「これより先は、われら６人だけで進む」

いちど深呼吸をして、右の腰に帯びた 短剣 の柄に手を添わせる。

「きっと物理使いとして戻ってみせる。期して待っていてほしい」

そして、指先に王家の紋章を感じながら、心の中で静かに祈った。

──お父様。どうかわたしに、お力添えを……。

1st door
長さの扉

1.1
門扉

「まったく、大袈裟だな」

　プリンセス・フィリシアは、礼装用の外衣をはずしながら、しだいに小さくなっていく行列を見上げてため息をついた。

「こんなに大勢で見送りなんて、せずとも構わぬのに」

　老賢者・ゼタが、小柄な身体に不釣り合いなほど長い白髭を揺らしながら、ホッホッホ、と笑い声をあげた。

　物理使い・デルタが、緩やかにうねるアッシュの髪をふって向きなおり、声をかける。

「みんな期待してるのよ。姫君に」

　フィリシアは剣帯をつけ直しながら、うなずいた。

「そうだな。皆の気持ちに、こたえなくてはな」

「われらが王女様は、物理がからっきしダメだ、ってのは、公然の秘密だからなぁ」

　物理使い・プライムが、フィリシアの頭の上から皮肉っぽくいった。

「わたしが、その……頼りない、のは、自覚しておる」

「姫さまはダメなんかでは、ありませんっ！」

　フィリシアのお世話係・リテラが、畳んだ外衣を胸にぎゅっと抱いて、声を張りあげた。見上げる格好でプライムを睨みつける。

「姫さまに失礼ですよ、お兄ちゃん」

「そうだな」

　プライムはダークブラウンの前髪を、ふさりとすくいあげた。

「お姫様は、あれだ……好奇心旺盛で天真爛漫だって話だから、まあ、なんとかなるだろ」

「そうです。姫さまは素敵な姫さまです！」

　フィリシアは苦笑いしながら、鼻息を荒げるリテラに目を細めた。

「いつも優しいな、リテラは」

　リテラは肩掛け鞄に外衣を収め、小腰をかがめて差しだした。

「無礼なお兄ちゃんで、ほんとうにごめんなさい、姫さま」

　フィリシアは鞄を受けとり、ありがとう、と礼を返す。

「ていうかリテラ——」

　プライムが眉をひそめた。

「いい加減やめろよ、その、お兄ちゃん、ての。おまえはおれの妹じゃないだろ」

　リテラもプライムを見返す。

「そんなこといわれても、いまさら変えられません。ずうっと、となりのお兄ちゃん、だったじゃないですか」

「え？　そうなのか」

　驚くフィリシアに、リテラが、こくり、とうなずいた。

「はい。じつは、子供のころからの知り合いで——」

「なにいってんだよ」

　とプライムが横槍を入れる。

「いまでも子供みたいじゃないか、おまえ」

「子供じゃありません！　あたしは姫さまの待女で、姫さまからゼタさまのお世話をいいつかってるんですっ」

　リテラは、大小の箱や籠、巻いた敷物などが括りつけられた背負い子を見せつけるように、プライムに背を向けた。

「ほら、こうしてゼタさまのお荷物だって運んでるんですから」

「おー、えらいえらい」

「ていうか、お兄ちゃん——」

　と向きなおり、プライムが斜めがけにしている四角い袋を指した。

「お兄ちゃんの荷物はそんなに小さくて、大丈夫なのですか？」

「これか？」

　プライムは、袋から板状の携帯情報端末と棒状の筆記具を引っぱりだした。

「ラサとスタイロスだよ。これさえあれば本が読めるし、思いついたことを書きとめることもできるだろ」

「それは、わかるのですが……」

「必要なものは、すべて塔に揃ってるしな」

「そうなのですか！」「そうなのか？」

　リテラとフィリシアの声が、妙な具合に重なった。

「ああ」

　プライムは、きょとん、とふたりを見返す。

「それが、どうかしたか」

　フィリシアと顔を見合わせたリテラが、視線を泳がせながら背中をふり返った。

「で、では、このお荷物は……」

　さらに首を巡らせ、デルタに尋ねる。

「それに、デルタさんのも、ずいぶん大きいですよね」
「あら、これ？」
　デルタが上体をひねって、幅広の背嚢をリテラに示した。
「これはね、忠実で可愛い私の道具たち」
　　　──え？
　フィリシアはデルタの顔をまじまじと見た。
　　　──その大荷物って、道具、なの？
「で、ですが」
　リテラが困惑したように訊く。
「必要なものは塔にあると……」
　デルタは、ふふん、と鼻先で笑った。
「そんな素性の知れない道具で作業するなんて、いやらしい」
「……そういうもの、なのですか？」
「そういうものなのよ。道具たちには、たっぷり愛情を注いであげること。そうすればその分、きちんと機能で返してくれる」
「そ、そうなんですね……あれ？　でも」
　と、リテラが首をかしげる。
「そうすると、お兄ちゃんの道具は？」
「おれの道具は、な──」
　プライムは指先でこめかみを、とんとん、と叩いた。
「全部ここに入ってるんだ」
　　　──は？
　フィリシアは、プライムに視線をうつした。
　　　──すべて頭の中にある、って……。
「……はいはい、いつも伺っております」
　リテラは呆れ顔。デルタは、
「頼もしいことね」
　と冷笑を浮かべている。
　プライムが眉を寄せた。
「なんだよ。事実を告げたまでだろ」
　フィリシアは、はあ、とため息をついた。
　　　──やっぱり物理使いって、ちょっと苦手だな……。
　ゼタが愉快そうに笑い声をあげた。
「ではその道具とやらを生かしに参ろうかの」

杖をカツカツとつきながら、峡谷にかかる吊り橋を渡りはじめる。

「あ、待ってください、お師匠さま！」

リテラがぱたぱたとあとを追う。

フィリシアも顔をあげ、リテラにつづいてとんとんと踏み板を渡っていく。が、

　　　　――ぅわ！

橋のなかほどまで来たところでよろけてしまい、つんのめるように吊り索にすがりついた。

遥か下には、白く泡だつ奔流。

ぎしぎしと索が軋む。

　　　　――ゆ、ゆれる……。

綱にしがみついていると、わかってないなぁ、と声がした。ふり仰ぐと、プライムが見下ろしている。

「橋の振動に歩調を同期させるからだ。板を踏む力が強制振動の入力になるから、単位時間あたりの歩数を共振周波数に一致させると振幅が発散する。ただ、短周期成分は減衰が早いから、長周期の振動にひき込まれないようにさえ注意すればいい」

「…………」

硬直した目で見返していると、プライムの背中からデルタが身を乗りだした。

「揺れに合わせないように歩くといい、といいたいのよ、この莫迦は」

「そ、そうか。なるほど……だが」

フィリシアはうなずきつつも、当惑顔で訴えた。

「そのようなことは、あらかじめ教えておいてくれまいか……というか、わたしに教えるのが、おぬしらの役割なのであろう？」

「あら、聞いていらっしゃらないの？」

と目を見開いて、デルタ。

「私たちは教えないのよ」

「えっ？」

フィリシアも思わず訊きかえす。

「教えない？」

「そう。私たちは、指導者としてではなく、助言者として同行するの。助言者の役割は、物理使いを目指す者を理解へと導き、攻略の力添えをすること。もちろん、それぞれの得意分野に応じた手助けはするわよ。私は代数派だし――」

「おれは微積派だ」

プライムがデルタの説明をひき継ぐ。

「助言者は、導きはするが教えない。たとえばいまの、橋の振動に足並みを揃えるな、っていう指摘がそうだ。あらかじめ共振について教えることはしない。だが気がつかないようなら、助言はする」

　フィリシアは口を尖らせる。

「ただの意地悪ではないか……」

「意地悪じゃない」

　プライムが首をふった。

「もし危険だと判断していたら、そもそも橋に入る前に手を打ってたさ。それに、これに懲りて、共振のことはもう忘れないだろ？」

「そうよ」

　デルタもうなずく。

「他人《ひと》から教えられたことってね、教えられたようにしかできないものなのよ。自分で気付いたり考えたりしたことは、応用がきくし理解にもつながる。私たちの役割は、あくまでもその援助なの」

「……それは、そうかもしれぬが」

　フィリシアは頬を膨らませた。

「まだ迷宮に入ってもおらぬではないか」

「それが、しきたりだ」

　素気なくいい放つプライムを横目で睨み、デルタがつづける。

「というかね、指導者は教えてかまわないことになってはいるの。けれど私たちの御師匠様は、なんというか……ほのめかしてはくれるのだけれど、教えてくれるという感じではないのよね」

「ふむ……つまり」

　フィリシアは小首をかしげた。

「自力でなんとかせよ、と？」

「そういうことだ」

　プライムが相槌をうつ。

　デルタも安堵の表情でうなずいてから、

「ところで、自力といえば──」

　と、プライムに問いかけた。

「あの坊やって、ひとりで塔に入ってひとりで攻略した、って耳にしたのだけれど、本当なの？」

「坊や？」

　フィリシアが訊きかえすと、デルタは、ほら、と橋のたもとに目をやった。フィ

リシアも首を伸ばし、奥に目を向けると――。

　物理使い・ドリューが、吊り橋の入り口を塞ぐように、綱を括りつけている。

「……ドリューは、なにをしておるのだ？」

「橋を封鎖してるのよ」

「封鎖？」

「ああ」

　とプライムが不機嫌そうに受けた。

「王女様が〈物理の迷宮〉に向かうんで、警戒度を上げてるんだよ」

「……警戒度？」

「すでに迷宮に入っている者たちの身辺調査は済ませてある。あとは妙な奴らが入ってこないようにしとけば、安心だろ」

「そう、だな……」

「いいか、本当は封鎖なんか、したくないんだ。〈物理の迷宮〉は、来るもの拒まず。本来なら、自らの意思で入ろうとする者を遮ることはない」

「そうね」

　デルタが腕組みをして、同意した。

「周辺国に不穏な動きも見られるし、悔しいけれど、念のために、ね」

「意図はわかるが」

　フィリシアは首をひねった。

「あのような細い綱を張ったくらいで、用をなすのか？」

「心配ない。あれはただの警告だ。実効的な遮断には別の手立てを用意してある」

「そうよ。だから姫君には、背後は気になさらず、正面だけに集中していただきたいの」

「……ふむ」

「それはそうと――」

　プライムがデルタに向きなおる。

「やつは、師匠も助言者もなしで攻略した、ってのか？」

　デルタがうなずいた。

「噂、なんだけれどね」

「単独攻略なんて、どうやったんだ？」

「さあ。それは訊いてみないとわからないけれど」

「……てことは、やつに師匠はいない、ってことだよな。いったい何派だ？　異端か？」

「さあ」

「なんだってうちの師匠は、そんな弟子でもないようなやつに、しんがり任せたりするんだ？」

「私も聞いてないのよ。御師匠様が連れてきたのだから、そんなにおかしな人ではないとは思うけれど」

「……ったく、なに考えてんだか」

「姫君は——」

　と、デルタがフィリシアに尋ねる。

「よくご存知なのよね、彼のこと」

「よく、というか、まあ、知らぬことはない」

　フィリシアは小さくうなずいた。

「ドリューの父上が宮殿の内苑を監理する宰領で、宮殿内に住んでおったのだ。もっとも、宮殿を去ってからは顔を合わせておらぬゆえ、最近のことはわからぬが」

「親父が内苑の監理者、ってことは——」

　とプライムが、顎をさすってつぶやいた。

「庭師の倅、か……ふうん、なるほどね」

　デルタが重ねて尋ねる。

「子供の頃は、どんな感じだったの、彼」

「そうだな……とくに変わったところは、なかったが」

　フィリシアは、ドリューに目を注いだ。

「しいていえば、絵を描くのが好きだったかな」

「絵？」

「暇さえあれば、いつもなにか描いてたな」

　とつぶやき、くすっ、と笑みをもらした。

　　　　——ほんとにいつもいつも描いてたよね、きみは。紙があればどんな紙
　　　　　　でもよかったし、花壇の土に棒切れで描いたり、石畳に白墨で描い
　　　　　　たり……そういえば、ふたりで城壁に落書きしてるのを見つかって、
　　　　　　衛兵に追いかけられたこともあったっけ……まさかきみが、物理使
　　　　　　いになっていたなんて……。

「みなさぁん！」

　唐突に、リテラの声が渓谷にこだました。ふり向くと、橋の対岸で腰を屈め、声を張りあげている。

「なにをのんびりしてるんですかぁっ。早くしないと、日が暮れてしまいますよぉっ！」

　その奥でゼタはすでに、断崖に架けられた桟道を上流に向かって進んでいる。
　フィリシアは、デルタとプライムにうなずきかけるとゆっくり立ちあがり、吊り橋の出口に向かってそろそろと歩きだした。

†

　夕陽に染まる垂直な岩場をやっとのことで登りきったフィリシアは、平らな岩の上に身体を引きあげた。
「ふう」
　そのまま、ぺたり、とへたりこむ。
「あ、姫さま！」
　リテラがぱたぱたとかけ寄る。
「おつかれさまでした！」
「ああ、ありがとう、リテラ。これでもう、おしまい、だろうか」
「あ、はい。ええと……」
　リテラがまわりを探るように見回すと、プライムが岩棚の奥に向かって顎をしゃくった。
「終わりっつうか、始まりだけどな」
　つられてフィリシアも目を向ける。
　赤く照らされた岩壁に、錆びた両開きの扉がはめ込まれている。ほかに、それがなにかを示す手がかりのようなものは、まったく見当たらない。フィリシアは荒い呼吸のまま、しばらく眺めていたが、プライムに視線を戻した。
「……なんだか、廃坑のようだな。衛兵は、おらぬのか？」
「衛兵だ？」
　プライムが呆れたようにこたえた。
「そんなもんいるか。ここは砦じゃない」
「だが、これでは、なんというか」
　フィリシアは、錆の浮いた扉に目を戻した。
「──地味、ではないか？」
「なんだよ。宮殿みたいなものとでも思ってたか」
「そうではないが」
　首をかしげて、尋ねる。
「〈物理の迷宮〉の入り口としては、ふさわしくないのではないか？」
　プライムとデルタが、顔を見合わせた。

「ん？　どうか、したか」
　戸惑うフィリシアをそのままに、プライムはゼタをふり返った。
「師匠、伝えてないのか？」
　ゼタは、ホッホッホ、と笑うだけ。
「ったく、なんにも知らせてないのかよ……あれはな、お姫様──」
　プライムが文句を垂れながらフィリシアに向きなおったとき、
「〈篩分の門〉です」
　といいながら、ドリューが岩棚に上ってきた。
「門？」
　フィリシアはふり向いて、訊きかえす。
「迷宮の入り口ではないのか？」
「……まあ、入り口の入り口、でしょうか」
「それに──」
　曖昧にうなずくドリューに畳みかける。
「あれは門というより、扉ではないか」
「それはね」
　と、耳元でデルタがささやいた。フィリシアの手をとり、ゆったりと立ちあがらせる。
「形態ではなく、機能を表現しているの」
「機能？」
　フィリシアは、手を引かれるまま岩棚の奥に向かって歩いていく。
「篩分、というのは」
　デルタが扉の正面でたち止まった。翠の瞳が、フィリシアを見つめる。
「篩い分ける、という意味。内には順に5枚の扉があって、そこを通過するには、それぞれの問にこたえることができなければならないの。つまり、〈物理の迷宮〉に入るための準備が調っている者だけを選別する、関門」
　フィリシアはデルタに手をとられたまま、錆びた扉をじっと見据えた。
「もしも……準備が調って、いなければ？」
「もちろん」
　デルタがあっさりこたえる。
「通過できないわね」
「……だが、さきほどは」
　フィリシアは、ドリューにちらりと目をやりがら、訴える。
「ここが、迷宮の入り口の入り口だと……」

　デルタがうなずく。

「〈篩分の門〉の出口が、〈物理の迷宮〉の入り口なのよ。門を通過できないということは、入り口にもたどり着けないということ」

「……たどり着けなければ？」

　デルタが肩をすくめた。

「いま来た道を、逆戻り」

「そんな……」

「大丈夫。通過できなかった事例なんて、ほとんど聞かないから」

「……門を抜けるには、なにをすればよいのだ？」

　フィリシアは、おずおずと尋ねた。

「四則演算」

　表情を変えずに、デルタがこたえた。

「え？」

「あら、わからない？　足し算、引き算、掛け算、割り算、よ」

「いや、それはわかるが……」

「加算、減算、乗算、除算、ともいうわね」

「…………」

「いわゆる、加減乗除ね」

「だから、それはわかっておる」

「では、なにがわからないの？」

「それは……そのように簡単なことで篩い分けるなどといわれても、納得しかねるというか……」

「簡単かしらね」

「簡単、であろ？」

「どうかしら」

　デルタの顔に、微笑みが浮かんだ。

「では、確かめてみましょうか。扉を開いていただけるかしら、姫君」

「わたしが？」

　フィリシアは虚を突かれたようにふり返った。

　デルタがうなずく。

「〈篩分の門〉の扉を開くということは、〈物理の迷宮〉に入る意思を示すということ」

「……ふむ」

「迷宮に入り、塔で修行をしようという意思をもつ者が、門の扉を開くの」

「それも、しきたりなのか？」

「しきたりというか、けじめね」

「……なるほど」

　フィリシアはデルタの手を離し、いちど深呼吸をすると、赤茶けた把手に手をかけて、押した。

　　　──あれ、動かない。

　ふり返るとデルタが、

「引くの」

　と、拳を手前に引く仕草をした。

「う、うむ」

　顔が赤らむのを感じながら、今度は腕に力を込め、引く。

　扉は、錆びついた蝶番を軋ませながら、わずかずつ開いていった。フィリシアは体重をかけるようにして引きつづけ、人ひとりがやっと通れるほどまで、扉を開けた。

　扉の奥は、岩肌が剥きだしの隧道になっていた。壁面には荒々しい掘り跡が残されたまま。天井部分には小さな灯りが点々と並び、かろうじて内部を照らしているが、先まで見通せるほどの明るさはない。

「……なかも、廃坑のようだな」

　誰にいうでもなくつぶやきながら、扉の隙間をすり抜けようと身体をひねったとき、ぱらぱら、となにかが背中に落ちてきた。

「ん？」

　見上げると、視野の端でなにかが揺らいだ。だが目を凝らしても、動くものは見当たらない。

　　　──鳥、かな？

「どうかなさった？」

　と、背後からデルタ。

「あ、いや。小石が落ちてきたようなのだが……」

「岩が脆くなっているのよ。はやく入った方がよさそうね」

「う、うむ」

　そのまま、扉の隙間をすり抜ける。

「突きあたるまで、奥に進んでいただける？」

　フィリシアは、こく、とうなずくと、隧道の奥に向かって歩きだした。

1.2
扉の鍵

　フィリシアにつづいて、デルタ、ゼタ、リテラ、プライムが、つぎつぎに扉の隙間を通りぬけていった。

「さて、と」

　5人が隧道の奥に消えていくのを見届けたドリューは、扉の脇の岩に手を伸ばした。手のひらでさするように、岩肌の感触を確かめる。

「……ふうん」

　岩に手を置いたまま、夕日に染まる断崖を見上げた。が、いびつな庇のように張りだした岩が邪魔で、上の様子はわからない。岩壁の状態が確認できる位置まで下がり、ざっと眺めると、

「——うん」

　とうなずき、おもむろに画帖を開いた。左手の鉛筆を走らせる。手早く描きあげ、画帖を閉じかけたが、ふと思いついて、ふり返ると——。

　夕映えに包まれる峡谷に、沈みゆく大きな太陽。

　魅かれるように岩棚の端へと向かい、断崖の際に立った。

　うっとりと、息をつく。

　柔らかな夕陽を浴びながら一気に描きあげると、笑みを浮かべて、今度こそ画帖を閉じた。

　足早に隧道の入り口まで戻り、錆びた扉の隙間に身体をねじ込んで通りぬけると、内側から把手を引く。扉はあらがうように軋みながら、差しこむ残照をたち切るように閉じた。

　天井の薄明かりを頼りに、ふたつの扉に鋼鉄製の閂をかける。把手を押し引きして開かないことを確かめると、ふう、と息をつき、隧道の奥に向かって歩きだした。

　が、数歩も行かないうちに、足元に微かな衝撃を感じる。

「ん？」

　不審に思って足を止めた直後、

「！」

　鈍い音が響きわたり、激しい振動が隧道を揺るがした。天井から砂塵が降ってくる。

慌てて扉をふり返るが、見た目に変化はない。

　駆けもどり、耳を押しあてる。

　しばらく聞き耳をたてる——が、なんの物音もしない。

　閂を抜き、把手を押してみる。

「……！」

　扉は、ほんのわずかだけ開いたところでつかえ、それ以上は動こうとしなかった。両手で揺すったり、肩で押したりしてみても、状況は変わらない。隙間から向こうの様子を探ろうと覗いてみるが、目板が邪魔でうかがうこともできない。なんとか開けようと格闘していると、隧道の奥からプライムが走ってきた。

「なにがあった！」

「落石みたいで——」

　ドリューは背中を扉に押しあて、両足で踏んばりながらこたえた。

「開かないんです」

「落石？」

　プライムも一緒になって押すが、扉はびくともしない。二、三度、体勢を変えて試すと、

「無理だな、こりゃあ」

　と、押すのをやめた。両手を、ぱんぱん、と払う。

「……諦めるんですか」

　扉を押しつづけるドリューに、

「無理なものは無理だろ」

　と、眉根を寄せた。

「おまえがいうように落石だとしたら、さっきの振動からすると、扉の向こうにある岩の質量は１ｔ オーダーと見るべきだろう。しっかりした足場でもあれば別だが、こんな床じゃ——」

　靴裏で砂の浮いた床を擦る。

「摩擦係数だってたかが知れてる。隧道内の６人じゃあ、頭数が足りない」

「それはそうですけど……」

「爺さんや子供も混ざってるしな」

「…………」

「開かないもんは開かないんだよ」

　そして、瞼の裏からドリューを見下ろした。

「だいたい、なにをしたらこうなる」

「なにもしてませんよ」

　ドリューは頭をふった。

「ご老体にいわれたように、扉を閉じて、閂をかけただけで——」

「なぜ落石だとわかった」

「それは……あれだけ激しい音と振動の原因になりそうなものっていうと、それくらいしか——」

「根拠は？」

「ありませんよ。ありませんけど……衝撃波、感じましたよね。あれって——」

　プライムが、ふん、と鼻息を荒げた。

「いいか」

　隧道の奥を見つめる。

「このことは、お姫様には伏せておくんだ」

「え？」

　ドリューはプライムの顔を見上げた。

「どうしてです？」

「いまは門の攻略が最優先だ。余計な負担はかけたくない」

「でも、姫は——」

「いずれにしても、戻る、っていう選択肢はないんだ。入り口を封鎖したってことにしとけ。いいな」

「ええと、あの……外には連絡しなくて、いいんですか」

「どうやって連絡するんだよ。なにかいい方法でも知ってるのか？」

「……いえ」

「だろ？　知ってるとしたら師匠だが、動じる素振りもなかったからな。出口から出れば問題ないってことだろ、きっと」

「はあ……」

　そしてプライムは、

「念のため、閂はかけとけよ」

　といい残すと、隧道の奥へと戻っていった。

†

「……ん？」

　フィリシアは音と振動を感じて、ふり返った。

　同じように背後をうかがうデルタのうしろで、プライムの背中が走りだしている。その横を、入り口の方を気にするリテラを従えて、ゼタがいつものように杖

をつきながら悠々とやってくる。

「心配いらないわよ」

　と、デルタが向きなおった。

「あいつに任せて、私たちは先に進みましょう、姫君」

「……うむ」

　フィリシアは、デルタの笑顔に促されるように、ふたたび歩きだした。

　しばらくそのまま進むと、行く手をはばむ隔壁があらわれた。隧道を仕切るように据えられた壁には、小振りな木製扉がはめ込まれている。扉の手前には、簡素な卓が1脚、そこだけ明るい照明の下に、ぽつんと置かれている。

　フィリシアは、卓をまわり込んで、扉の正面に立った。把手を押したり引いたりしてみる。当然のことのように、扉は開かない。

「姫君の答（とう）が、鍵になるのよ」

　卓の向こうから、デルタが隔壁を指した。

「そこにラサが仕込まれているでしょう」

　フィリシアが視線を戻すと、たしかに扉の脇の壁面に、小型の情報端末画面らしきものが埋めこまれている。

「そこに書かれた答が通過させるに足ると扉に判断されれば解錠される、という仕組み」

「扉が判断、とは──」

　フィリシアは目をぱちくりさせた。

「まるで魔法ではないか」

「そういう仕掛けになっているだけよ」

　素っ気なく返したデルタは、卓の天板に両手をついた。

「そんなことより姫君、第1の問（もん）は、これ」

　フィリシアはしおしおと卓の縁を戻り、デルタの傍らから天板を覗きこんだ。木製の天板には、銀色の光沢を放つ1本の金属線が象嵌のように埋めこまれ、そこに沿うように、

この直線の長さを示せ

と文字が刻まれている。

「これが問題？」

「そう。これが問題」

「……この線の長さを測れ、と？」

「そうね。どうやって測ろうかしら？」

「それは……長さを測る道具で、であろうな？」

「物差しなら、そこにあるわよ」

　ほら、とデルタが天板の右側を指した。縦に切られた細い溝に、金属製の物差しが仕込まれている。フィリシアは物差しをつまみ出すと、ためつすがめつして見た。

「……普通の定規、だな」

「1 mm　刻みで 25 cm　まで測れる、よくある物差しね」

「……これが、問題？」

「これが問題」

　フィリシアは物差しを、パタ、と天板に置いた。

「……やさしすぎ、ではないか？」

　そのとき、リテラを従えたゼタが、カツカツ、と杖をつきながらやってきた。

　ホッホッホ、と笑いながらフィリシアに声をかける。

「御前の皮相浅薄なところは少しも変わらないのう」

「え、あ、いえ……」

　フィリシアは、耳がカッと熱くなるのを感じて、うつむいた。

「わたしは、兄とは、違いますから」

　そんな様子を気にする風もなく、ゼタは背後のリテラをふり返った。腰に回していた左手を伸ばし、手のひらを上に向ける。

「あ、はい」

　リテラが背負い子をおろし、いそいそと板と棒を取りだした。ふたつ揃えて、ゼタに手渡す。受けとったゼタは、向きなおってフィリシアに差しだした。

「修行に必要となろう」

　白一色の簡素なラサとスタイロス。

　ちょっと驚いたフィリシアだが、膝を軽く曲げ、

「かたじけなく存じます」

　と受けとると、両手で胸に抱いた。

「大切にします」

　ゼタが、ホッホッホ、と笑い声をあげた。

「大切にするのはよいが仕舞い込んだのでは意味がない。手元に置いて活かしなさい」

「……はい」

そして、フィリシアの肩に手を置き、
「よいか――」
と、穏やかな口調で語りかけた。
「習慣を省み、常識を疑い、当然を怪しみ、ひたすらに己の思考に臨め」
「え……？」

1.3
腕試し

　戸惑うフィリシアを残して、ゼタは、ホッホッホ、と去っていった。杖をつき
ながら壁際までいくと、背負い子を締めなおしているリテラを手招きする。
「あ、はい、ゼタさま。瞑想のお時間ですね」
　リテラは、括りつけてあった敷物を胸に抱いて、ゼタに駆けよった。リテラが
敷物を敷くと、ゼタは杖を抱えるようにして腰をおろし、首を垂れて目を閉じた。
「いったい――」
　フィリシアは、助けを求めてデルタに目を向ける。
「なんなのだ、いまの呪文は？」
「おっ」
　そのとき、背後からプライムの声。
「師匠の一言、出たみたいだな」
「お師匠様の一言？」
　戻ってきたプライムに尋ねるつもりでふり向くと、いつの間にかすぐうしろに
いたドリューと、目があった。脇でプライムがにやにやしている。
「ええと……」
　ドリューが頬を掻きながらこたえた。
「ぼくに訊かれても、困るというか……」
「い、いるならいると、申さぬかっ」
　フィリシアは頬が火照るのを感じて、詰問調で誤魔化した。
「それになんなのだ、さっきの音と振動は！」
「あれは――」
　ドリューは、ちらり、とプライムに視線を向けてから、鼻の頭を掻いた。
「入り口の封鎖をしたんです……そのお、思いのほか、大きな音がしてしまって」

　フィリシアは上目遣いにドリューを見据えてから、

「──なるほど、そういうことか」

　とうなずき、改めてプライムに向きなおった。

「で、お師匠様の一言というのは、なんなのだ?」

　プライムはフィリシアの問いかけにはこたえずに、傍らに立つデルタの肩に、ぽん、と手を置いた。

「ここは代数派のあんたに譲るわ」

　デルタが、つん、として受ける。

「では、遠慮なく」

　プライムは、じゃあ、と片手をあげると、フィリシアに背を向けた。ドリューの肩をかかえ、

「おれたちは邪魔にならんように、あっちにいってようや」

　と、ゼタやリテラがいるのとは反対側の壁際に向かう。

　呆気にとられるフィリシアに、デルタが声をかけた。

「それでは早速、始めようかしらね」

「……ええと」

「着実に扉を通過して、確実に門を突破するわよ」

　と、フィリシアの両肩を、ぽんぽん、と叩く。

「肩の力を抜いて──そうね、まずは荷物をおろしましょうか」

　そういうと、肩紐から器用に片方の肩を抜き、身体を回すようにして反対側の膝の上にするりと背嚢を乗せ、両手で肩紐を支えてストンと地面におろした。

　　──え?　いまの、なに?

　目をぱちくりしているフィリシアに、デルタが、どうしたの、と尋ねた。

「いや、その……不思議なおろし方をするのだな、と」

「あら、そうでもないわよ。重い荷物を背負っているときは，できるだけ荷物は動かさずに、自分が動くようにすると楽なの」

　そして人差し指を、ぴっ、と立てた。

「これも、物理ね。慣性や運動量と、関係あるかな」

「ふむ──」

　フィリシアも、白いラサとスタイロスを卓の上に置いてから、鞄を脚元におろした。

「物理使いというのは、皆そのようなおろし方をするのか?」

「全員が、ということはないでしょうけれど、この方法が力学的に理にかなっていることには、賛同するのではないかしら」

「……なるほど」

　　──理にかなっている、か……。

　浮かない心持ちでうつむくフィリシアに、

「準備はよろしいかしら」

　と、デルタが声をかけた。

　フィリシアはかしこまって礼をする。

「よろしく頼む」

　デルタが、いいのよ、というように片手をあげ、その手で卓の天板に刻まれて
いる文字を撫でた。

「まずは、もういちど、問を読んでいただけるかしら？」

「うむ」

　うなずいたフィリシアは、

「問題は、この直線の長さを示せ、だ」

　と天板の文字を読みあげると、物差しを取りあげた。

「これで、ここの線の長さを測ればよい、ということだな」

　天板に埋めこまれた金属線に物差しを沿わせると、左端に物差しの端を合わせ、
右端に位置する目盛りを読みとる。

「にじゅう、いっセンチ、かな」

「それが、答？」

　笑顔のまま、デルタが訊いた。

　フィリシアは、ぎこちなくうなずく。

「そう、だな」

「それでは──」

　デルタが正面の隔壁を指した。

「そこのラサに、記入していただけるかしら」

　フィリシアはふたたび卓をまわり込んで扉の前まで行くと、壁に埋めこまれた
ラサに触れた。

「ここに、だな？」

　デルタが、そう、とうなずくと、空中に文字を書く仕草をする。

「指でもスタイロスでも、書けるわよ」

　フィリシアはうなずき返すと、真新しいスタイロスで、

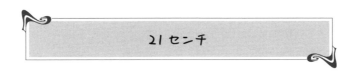

21 センチ

と書きこんだ。

「つぎは？」

とふり返ると、デルタが扉を指した。

「開くかどうか、確かめていただける？　その答が扉にとって満足のいくものな
らば、解錠されているはず」

　無言でうなずき、把手を握って押してみる。

　　──ん？

　引いてみる。

　　──あれ……？

　押したり引いたりをくり返すが、扉は開かない。

　デルタをふり返った。

「なぜだ……」

「いろいろと、検討すべきことがあるみたいね」

　両手を腰にあてたデルタが、不敵に微笑んだ。

「ひとつずつ、解消していくわよ」

1.4
抽象化

「では、手始めに」

とデルタが背筋を伸ばした。

「質問にこたえていただけるかしら」

　隣に戻ったフィリシアも、デルタに倣って身構える。

「う、うむ」

　デルタが問う。

「ある机にラサが2つ、別の机にラサが3つ置かれていると、合わせていくつに
なるかしら？」

　フィリシアは、ぽかん、とデルタを見つめた。

「……それは、なぞなぞかなにか、だろうか？」

「私はいたって真剣よ」

　デルタは表情を崩さずに促す。

「真面目にこたえて」

　フィリシアは、デルタの瞳の奥を探りながら、こたえた。

「……5つ、だな」

「正解」

「……正解って、子供にだってできるであろ」

　デルタは、フィリシアの抗議には取りあわずにつづける。

「ではつぎの質問。ある机にラサが2つ、別の机にスタイロスが3つ置かれていると、合わせていくつ？」

「これには……なにか意味があるのか？」

「こたえて」

「5つだ！」

　捨て鉢にこたえたフィリシアに、デルタは人差し指をふった。

「残念ながら、不正解」

「…………」

「子供にだってできるようなことを、わざわざここで姫君に問うはずがないでしょう」

「それはまあ、そうか……」

「では、なにがいけなかったのか、検討するわよ。まずは、ひとつ目の質問へのこたえを、どのようにして導いたのか──」

　と、卓上に置かれたままになっているフィリシアの白いラサに手を伸ばし、指先で操作して真っさらな画面を表示させた。

「フォリオに、書いていただける？」

「……ふむ」

　フィリシアは訝りながらラサを受けとると、右手のスタイロスで、

$$2 + 3 = 5$$

と式を書いた。

　デルタが訊く。

「数式の意味を、説明していただけるかしら？」

「説明といわれても」

　フィリシアはためらいながら、

「2個のラサと3個のラサを足すと、ラサは5個になる、としか……」

とこたえた。

　デルタはうなずいて、つづける。

「では、ふたつ目の質問については、いかがかしら？」

　フィリシアは疑りながらこたえる。

「さっきの式と、同じであろ？」

　デルタは胸の下で腕を組み、フィリシアに笑顔を向けた。

「説明して」

「2個のラサと3個のスタイロスを足すと……ん？」

　フィリシアは、首をかしげた。

「どうか、なさった？」

「2個のラサと3個のスタイロスを足せば……文具が5個、か」

「あら」

　デルタの目が、きらり、と光る。

「姫君が書いた数式の意味は、ひとつ目の質問とふたつ目の質問で、同じかしら」

「そうだな……」

　フィリシアは、

「ひとつ目は、2個のラサと3個のラサを足すと、ラサが5個になる、ということだが——」

　と説明しながら、数字の上に、ラサ、と書きくわえ、

ラサ　ラサ　ラサ
$$2 + 3 = 5$$

「ふたつ目では、2個のラサと3個のスタイロスを足したら、文具が5個……」

　数字の下に、ラサ、スタイロス、文具、と書きくわえた。

ラサ　ラサ　ラサ
$$2 + 3 = 5$$
ラサ　スタイロス　文具

　人差し指を唇に添え、ラサを見つめながら考える。

——ええと、ラサとラサを足してラサになるのは、おかしくはない、よ
　ね。ラサとスタイロスを足すと文具が、というのは……うーん、ラ
　サとスタイロスって異なる文具だから、足したからといって、ラサ
　が2枚で、スタイロスが3本のままで……。
　そこで、はっ、と顔をあげた。
「そもそもラサとスタイロスは、足せるものなのか……」
「そうね」
　デルタが相槌をうつ。
「そうか！　文具と文具なら、足せるのではないか？」
　フィリシアは、ラサとスタイロスを、文具に書きなおした。

 ラサ　ラサ　ラサ
$$2 + 3 = 5$$
ラサ　スタイロス　文具
文具　　文具

「これで、どうであろう？」
　恐るおそるデルタの顔色をうかがう。
　デルタが笑顔を返した。
「まず肝心なことは、数式が同じでも意味は同じとは限らない、ということ」
「ふむ……同じ2+3=5でも、ラサのこともあれば、文具のこともある、という
ことだな」
「そうね。それから——」
　といいかけたデルタを、フィリシアは手をあげて制した。
「同じ種類同士でなければ足すことができぬ、であろ」
「そう」
　デルタが嬉しそうに同意した。
「それは、加法の約束事。加法は　＋　（加算記号）で表されるわね。ところでその数式には、
約束事を表す記号が他にもあるのだけれど、わかるかしら」
「……ん？」
　フィリシアはもういちどフォリオに目を落とす。
「そうか、＝（等号）だ……つまり、左辺と右辺も同じ種類でなければならぬ、というこ
とか」

　顔をあげたフィリシアに、デルタがうなずいた。

「等号が表すのは、左辺と右辺が等しい、ということだけれど、そこには同値関係、つまり数的な関係だけではなく、質的というか、姫君がおっしゃるところの、種類が同じ、という約束事もありそうよね」

「ふむ……」

　うなずきかけたフィリシアだが、どこか腑に落ちない。頤に指を当ててしばらく考えてから、口を開く。

「だが、そうすると……はじめの質問も、同じではなかろうか？」

　デルタは口元を綻ばせた。

「と、いうと？」

「つまり、まったく同じラサは、ふたつとしてないのではないかと……」

「それで？」

「だから、ラサが2枚といっても、機種が同じかどうかわからぬし、そもそも同じ機種だとしても、それぞれが異なるラサなわけで……」

「ちょっと、よろしいかしら、姫君」

　フィリシアの肩に、軽く手が添えられる。

「自分の考えを、途中で他人に預けてしまっては駄目。最後まで自分の言葉で表現していただきたいの」

「う、うむ、そうだな。それはわかるが……しかし」

　フィリシアはデルタを見つめた。

「なんだかうまく言葉にならぬのだ……いままで疑問にも思わなかった、足し算ができる、ということ自体が、不自然に思えるというか……実体はなくて、頭の中だけのことのような気がするというか……」

　デルタは、フィリシアの肩に添えていた手をはずし、顔の横で人差し指を、ぴっ、と立てた。

「それが、抽象化」

　フィリシアは小首をかしげた。

「抽象化……？」

「そう。抽象化とは、事物を観念や概念によって捉えること。姫君がいま考えたことは、具体的な実在の世界と抽象的な観念の世界とを結ぶ掛け橋の、第一歩」

　唇に指を添わせ、目を瞑る。

　──実在の世界と観念の世界、か。それって……。

「……現実世界と異世界、みたいなもの、かな」

　思わず、口から言葉がこぼれた。

「異世界？」

　デルタが不思議そうに訊きかえした。

　フィリシアは慌てて繕う。

「あ、いや、異世界というか、あちらの世界というか……」

　デルタは片肘を組んで、うなずいた。

「そおねぇ、姫君のおっしゃる、あちらの世界、は、数を言語として論理が統べる、抽象的な数学の世界」

　——え？

「具体的なこちらの世界での出来事を、論理的で抽象的なあちらの世界に持ちこむには——」

　微笑むデルタの誘うような視線を受けて、フィリシアは声を弾ませ、あとを継いだ。

「こちらの世界の出来事を、あちらの世界の言葉で置きかえねばならぬ、ということか」

1.5
数と量

　デルタがうなずいて、

「たとえば、そうね——ちょっと、拝借できるかしら」

　と、卓上の白いラサを指した。フィリシアが手渡すと、こんどは身を屈めて、下に置いた大きな背嚢からスタイロスを取りだした。パステルブルーの軸に、細かい飾り石がちりばめられている。

　——うわぁ、かわいいっ♡

　フィリシアの目が惹きつけられる。

「そ、それは？」

「え？」

　デルタが、これ？、とスタイロスを顔の高さまで持ちあげた。

「どこで手に入れたのだ？」

「あら、姫君が御師匠様から渡されたものと、同じ型よ」

「だが——」

　フィリシアは、右手の白一色のスタイロスと見比べる。

「ぜんぜん違うではないか」

「ああ、そういうこと──」

　合点がいったように微笑んだデルタは、スタイロスの両端を指先でつまんで、くるくると回した。飾り石がキラキラと輝く様子を、愛おしそうに見つめる。

「これはね、私が自分で塗装と装飾をして仕上げたの」

「自分で？」

「そうよ。可愛いでしょ」

「綺麗……わたしも、欲しい」

「差しあげましょうか？」

　と、デルタがスタイロスを差しだす。フィリシアは一瞬手を伸ばしかけたが、

「いや……」

　と、目を伏せた。

「では──」

　とデルタは、スタイロスを引っこめた。

「この修行が終わったら、ご自身で加工なさってみる？」

　フィリシアは、ぱっ、と顔をあげた。

「やる。絶対、やる！」

「いいわよ。私が教えてさしあげる」

「約束、だぞ」

　フィリシアはデルタと見交わした。

「でも、そのためにはまず、迷宮に入らなければ、ね？」

「う、うむ」

　デルタは、話を戻すわよ、といって、白いラサにパステルブルーのスタイロスで図を描きはじめた。

「姫君が指摘したように、個々のラサやスタイロスを異なるものと捉えることもできて、これは具体的な、抽象度の低い見方よね。

　一方、抽象度を上げて、機種という括りや、文具という括りで捉えると、それまでの見方では異なる分類だったものが、同じ分類に含まれるようになる」

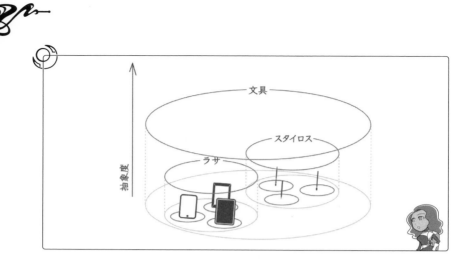

「なるほど」

「抽象化、とは、ものに共通する要素を抜きだすこと。ものに付随する属性を外していくこと、といってもいいわね。つまり抽象度を上げていくと、括る範囲は広がっていくことになる。

そうやってどんどん属性を外して範囲を広げていくと、個性が消えて、共通する要素だけが残る抽象度の高い階層、つまり数学の世界にいたる。このようにして、個数などを抽象化した数学的な概念が、数」

「ふむ……」

　　　──それって、なんだろう……つまり、数というのは、純粋で個性をも
　　　たないあちらの世界の住人……異世界の精霊、ということ？　どう
　　　りで数学って、話が通じないわけね……。

　デルタがつづける。

「俗離れした数という概念では、もともとがラサだったのかスタイロスだったのかを気にすることは、もはやないの。ひとたび数にまで抽象化されると、数字の世界だけで完結する。だから算術では、単位も、個や枚や本のような助数詞も、現れないでしょう」

「なるほど、たしかに」

「ところが──」

　デルタは一呼吸おいて、愉しそうに微笑んだ。

「物理はもっと泥臭いの。扱うのは、高尚な数ではなくて、卑近な量。物理量、といったほうがわかりやすいかしら」

　フィリシアは、表情の変化に心惹かれながら、

「物理量？」

と、訊きかえした。

デルタはうなずいて、つづける。

「物理学というのは、森羅万象の自然現象を説明しようとする学問。自然現象を説明したいと思うなら、まず、自然界でなにが起きているのかを知らなければならない。

自然界で起きていることを知るための手段が、測定。測定の対象になるのは、個性を剥ぎとられた抽象的なものではなく、たとえば、長さや速さといった、私たちが感覚や道具で捉えることができる、具体的なものよ。つまり、測定をして得られるのは、数ではない」

「わかるような、わからぬような……」

「そうね……たとえば、長さを測定するとき、さっきのラサひとつに相当するのは、なんだと思う？」

フィリシアは、首をかしげる。

「長さを測るときの、ラサひとつ……？」

「長さの測定は——」

デルタはわずかに言葉を切り、問いかけた。

「具体的にはどのような手順で行うかしら？」

フィリシアは、天板に置かれた物差しを見下ろした。

「……物差しを、測りたいものに当てて、目盛りを読む」

「目盛りを読む、とは？」

「それは……物差しに刻まれている線の本数を数えて……数える？　あ、そうか」

フィリシアは、すっと顔をあげた。プラチナブロンドの髪が、ふわりとゆれる。

「物差しのひと目盛りが、ラサひとつ、ということか」

デルタは微妙な表情で、

「まあ、そうかな」

と相槌をうってから、問いかけるように目配せする。

「つまり、ラサひとつに相当する、物差しのひと目盛りが示すのは——」

「……単位！」

フィリシアは目を見開いた。

「なるほど、単位とはそういうものであったか」

「とりあえずいまは、その素朴な理解で構わないわ」

デルタが小さくうなずいた。

「大切なのは、測定をした結果には、数値だけでなく、その単位をともに示す、

ということ。物理量は数値と単位の積。単位でどの物理量を測ったのかを示し、数値でその大きさの度合いを示す、というわけ。このふたつは、分かちがたく結びついているの。決してひき離してはいけない」

　フィリシアは頬に指を添えた。

　　　——もしかして量って、数値と単位の相思相愛、なの？　でもさっきの
　　　　話では、数字は異世界の精霊、だった、はず……どうして現実世界
　　　　の単位と、両想いになることができたの？　もしかして、世界の境
　　　　界を越えた禁断の恋、とか？

「姫君？」

　覗きこむように見つめるデルタに、フィリシアは慌てて繕う。

「あ……すまぬ。もういちど、お願いできぬか」

　デルタは笑顔で、

「さきほど姫君が書いた数式を、見ていただける？」

　とラサを指した。

$$\underset{\substack{\text{ラザ} \quad \text{スタイロス} \quad \text{文具}\\ \text{文具} \qquad \text{文具}}}{\overset{\substack{\text{ラサ} \quad \text{ラサ} \quad \text{ラサ}}}{2+3=5}}$$

「数学の世界では、2 という数が、ラサの枚数なのか、スタイロスの本数なのか、なにかの長さなのかは、頓着しないの。この数式は、個数だろうと長さだろうと他のなにかだろうと、成立する。それは数が、具体性という衣を剥ぎとられた、抽象的な存在だから。

　抽象的な数学の世界は論理的なので、演算の規則によって処理された結果は、常に同じになる。数学の公式が有用なのは、だれが、いつ、どこで使っても同じ結果になるから。抽象的な数を扱うからこそ、安心して数学の世界に任せることができる」

「なるほど……たしかに」

「ところが現実の世界は、一筋縄ではいかないの。実際の自然現象は、多様で、複雑で、変化に富んでいるから。

　そのような自然現象の有り様を理解しようというときに、安心して処理を任せることができる数学の世界は、魅力的よね。だから、雑然とした現実の世界での出来事を、整然とした数学の世界に持ちこみたい。その、現実の世界から数学の

世界への橋渡しをするのが、測定なの」
「ふむ……」
　　──現実世界から異世界への境界を越えるための、儀式……。
「でも、数学の世界での処理が終わったら、また現実の世界に戻ってこなければ
ならない」
「え、なぜだ？」
「物理使いの目的は、現実の世界で起きている自然現象の理解だから」
「ああ、そうか。なるほど」
　フィリシアは顔をあげ、正面の扉を見つめた。
「物理とは、冒険だったのだな」
「え？」
　今度はデルタが、驚いたような声をあげた。
「どういう意味？」
「どうって、現実の世界に戻ることが肝要なのであろ？」
　フィリシアは、当然のことのようにこたえた。
「冒険譚も同じだ。異世界に行ったきりで戻ってこぬのでは、物語が終わらぬで
はないか」
「ふうん」
　デルタは感心したようにうなずいた。
「その意味では、単位というのは数学の世界に入っても現実の世界とのつながり
を保つために不可欠なもの、といえるかもしれないわねぇ」
「なるほどなるほど」
　フィリシアは、うんうん、と首をふった。
「いってみれば、異世界から戻る術を示してくれる従者、といったところか」
　　──だとすると、禁断の恋人たちは、精霊と従者の組み合わせ、という
　　　　ことね……はじめに恋に落ちたのは従者の方？　それとも、精霊？
「……面白いことをおっしゃるのね」
　デルタが、くす、と笑みを見せて、フィリシアに向きなおった。
「それはともかく、測定で得られる物理量は数値と単位の積、ということは、理
解していただけたかしら」
「うむ！」
　フィリシアは、身を乗りだすようにうなずいた。

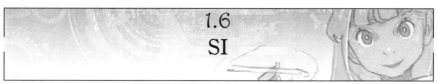
「で、その単位というのは——」

　デルタが念を押すように、問いかける。

「物理量を測るための基準、ということよね」

　フィリシアは、うむ、とうなずいた。

「では」

　デルタが卓上に置かれている物差しを指す。

「その物差しの単位は、なにかしら」

　フィリシアは、物差しに振られた目盛りにちらりと目を走らせた。

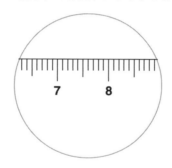

「1センチ、だな」

　デルタが小さく、ふぅ、と息をついた。頤に手を当て、しばらくそのままの姿
勢でいたが、

「ちょっと寄り道、するわね」

　と告げると、フィリシアのラサを操作して、表を表示させた。

基本量	名称	記号
長さ	メートル	m
質量	キログラム	kg
時間	秒	s
電流	アンペア	A
熱力学温度	ケルビン	K
物質量	モル	mol
光度	カンデラ	cd

SI 基本単位

「世界には多様な単位があるけれど、私たち物理使いは、専ら SI を使うの」

「エス・アイ？」

　訊きかえすフィリシアに、デルタはうなずいて、つづける。

「SI は、国際単位系を意味する Système International d'Unités の略称。SI だけで国際単位系という意味で使われるの」

「ふむ」

「国や地域によって単位がまちまちだと、煩雑でしょ。そこで、世界中で同じ単位が使えるように、と決められたのが、SI。

　測定値などを共有する根拠となる SI は、物理使いにとって絶対に欠かせない知識のひとつ。とりあえず SI を使いこなせないことには、話にならないのよ」

「つまり──」

　フィリシアは声を弾ませた。

「SI は、物理使いにとってかけがえのない従者……従臣、というわけか」

　デルタがはにかみながら、小さくうなずいた。

「まあ、そんなところかしらね」

「だが」

　フィリシアは眉をひそめて、デルタの顔色をうかがう。

「従臣たちの忠誠を得るには、相応の試練を克服せねばならぬ、というのが、物語の常だが……」

「そんなに警戒しなくても大丈夫」

　デルタが、ふふふ、と笑って、フィリシアの肩に手を置いた。

「SI は合理的にできているから、難しいことはないわ。ただ約束事だから、覚えなければならないことは、いくつかあるけれど」

「覚えねばならぬこと?」

「まずは、基本単位」

　と、ラサに表示されている表を指す。

「SI には基本単位が7種類あって、これは覚える必要があるわね」

「たった、7つ?」

　フィリシアは、目をぱちくりした。

「それだけで、足りるのか?」

　デルタがうなずいた。

「あとの単位はすべて、基本単位からつくることができるの」

「つくる?」

「そう。基本単位にない単位は、その単位の物理量の定義に則って、基本単位の乗除でつくられる。基本単位から組み立てるので、組立単位、というの」

「7人の従臣だけで、どのような状況にも対応できる、ということか……物理量の定義に則る、というのは?」

「たとえば、面積の単位は、基本単位にはないわよね?」

「うむ」

「べつに、独立した面積の単位があっても構わないのよ。実際、$\overset{\text{アール}}{a}$ とか $\overset{\text{エーカー}}{ac}$ とかのように、面積を表す単位もあるでしょう」

「たしかに」

「でも SI は、面積という物理量は長さと長さを掛けることで求めることができるのだから、基本単位にある長さの単位 $\overset{\text{メートル}}{m}$ を2回掛けて、$\overset{\text{平方メートル}}{m^2}$ としなさい、という流儀」

「そうか! 平方メートルを m の2乗と書くのは、ただの記号ではなく、2回掛けるという意味か……なるほど、長さの従臣が2度働くことで面積の役割を果たすのならば、わざわざ面積の従臣を伴うまでもない……なんだ、あたりまえのことではないか」

「そうよ、なにも特別なことをしているわけではないの」

　フィリシアは、ほっ、と胸をなでおろした。

　　──よかった。どんな困難が待ちうけてるのかと思って、ドキドキ
　　　ちゃった。

「ただね」

　といって、デルタが別の表をラサに表示させた。

「組立単位のなかには、固有の名称と独自の記号が与えられている単位、というのがあって、これらは覚えておかないとね」

固有の名称と記号で表される SI 組立単位

組立量	名称	記号	基本単位による表し方
平面角	ラジアン	rad	m/m
立体角	ステラジアン	sr	m^2/m^2
周波数	ヘルツ	Hz	s^{-1}
力	ニュートン	N	$m\,kg\,s^{-2}$
圧力、応力	パスカル	Pa	$m^{-1}\,kg\,s^{-2}$
エネルギー、仕事、熱量	ジュール	J	$m^2\,kg\,s^{-2}$
仕事率、工率、放射束	ワット	W	$m^2\,kg\,s^{-3}$
電荷、電気量	クーロン	C	$s\,A$
電位差（電圧）、起電力	ボルト	V	$m^2\,kg\,s^{-3}\,A^{-1}$
静電容量	ファラド	F	$m^{-2}\,kg^{-1}\,s^4\,A^2$
電気抵抗	オーム	Ω	$m^2\,kg\,s^{-3}\,A^{-2}$
コンダクタンス	ジーメンス	S	$m^{-2}\,kg^{-1}\,s^3\,A^2$
磁束	ウェーバ	Wb	$m^2\,kg\,s^{-2}\,A^{-1}$
磁束密度	テスラ	T	$kg\,s^{-2}\,A^{-1}$
インダクタンス	ヘンリー	H	$m^2\,kg\,s^{-2}\,A^{-2}$
セルシウス温度	セルシウス度	℃	K
光束	ルーメン	lm	cd
照度	ルクス	lx	$m^{-2}\,cd$
放射性核種の放射能	ベクレル	Bq	s^{-1}
吸収線量	グレイ	Gy	$m^2\,s^{-2}$
線量当量	シーベルト	Sv	$m^2\,s^{-2}$
酵素活性	カタール	kat	$s^{-1}\,mol$

——わ！

表を見て、フィリシアは目を丸くした。

「……こんなに、か」

「22 個、あるわね」

　　——従臣たちの編成ごとに、異なる標章がきめられている、みたいなものか……やっぱりそう甘くはなかったみたい……。

デルタが、ふふふ、と笑う。

「けれど、いちどに全部を覚える必要はないの。遭遇するたびに覚えていけばい
いのよ」
「う、うむ」
　フィリシアは、ぎこちなくうなずいた。
「つぎは、接頭語」
　デルタが、さらに別の表を表示させた。

SI 接頭語					
乗数	名称	記号	乗数	名称	記号
10^1	デカ	da	10^{-1}	デシ	d
10^2	ヘクト	h	10^{-2}	センチ	c
10^3	キロ	k	10^{-3}	ミリ	m
10^6	メガ	M	10^{-6}	マイクロ	μ
10^9	ギガ	G	10^{-9}	ナノ	n
10^{12}	テラ	T	10^{-12}	ピコ	p
10^{15}	ペタ	P	10^{-15}	フェムト	f
10^{18}	エクサ	E	10^{-18}	アト	a
10^{21}	ゼタ	Z	10^{-21}	ゼプト	z
10^{24}	ヨタ	Y	10^{-24}	ヨクト	y

「接頭語は、単位の前につける記号で、10の何乗倍か、つまり、10の冪を表すの。
大きな量や小さな量を表すときに、とっても便利」
「こちらは、従臣と行動をともにする腹心の部下、といったところか……腹心に
しては、数が多い気もするが」
　フィリシアはデルタの顔を見た。
「これも、いちどには覚えなくてもよいのであろ？」
「うーん。すべて覚えてしまうに越したことはないのだけれど、そうねぇ……せ
めて、大きいほうはkとM、小さいほうはc、m、μくらいは、覚えておいてい
ただきたいかな。接頭語には大文字も小文字も使われるので、きちんと区別してね」
「ふ、ふむ──ん？　お師匠様のお名前がある」
　怪訝な顔で表を見つめるフィリシアに、デルタは当然のように、
「それはそうよ」
　とこたえた。
「ここから取られた字だもの」

「あざな？」

　顔をあげたフィリシアに、デルタがうなずく。

「師匠になると、門派を開くことができるの。ゼタ、というのは、そのときに御師匠様がつけた、一門の呼称」

「ということは、本当のお名前ではないのか？」

「そうみたいね」

　デルタは肩をすくめた。

1.7
単位の記法

「それはともかく」

　デルタが一呼吸置いて、つづける。

「寄り道の最後に、単位の書き方について、一通り押さえておきましょうか。とはいっても、これも当面、必要になりそうなことだけね」

　おどけた笑顔を向けてから、白いラサにパステルブルーのスタイロスで書きつけながら説明をはじめた。

「まず、記号の字体について。単位や接頭語の記号はローマン体、つまり、傾いていない、垂直に立った字体を使うこと。ちなみに、物理量にはイタリック体、つまり、傾いた字体を使う」

$$\mathrm{m} \qquad x$$

ローマン体　　イタリック体
（立体）　　　　（斜体）

「なるほど……」

　　──従臣はがっしりと大地に立っている感じ、精霊の形代はふんわりと
　　　風になびく感じ、かな。住む世界が異なるのだから、見た目が違っ
　　　ているのは当然よね……あ、でも、ちょっと待って……。

「その、区別というのは──」

　フィリシアは空中に文字を書くしぐさをした。

「手で書くときも、であろうか？」

「そうね。単位と物理量を混同しないための約束事だから、手書きでも意識的に区別しておくほうがいいと思うわよ」

「うむ、承知した」

「それから、単位記号は基本的に小文字。ただし、固有の名称が与えられている単位のうち、人名に由来する単位は、最初の文字だけ大文字にする。たとえば、力の単位の $\overset{\text{ニュートン}}{N}$ とか、圧力や応力の単位の $\overset{\text{パスカル}}{Pa}$ とかが、そうね。

　あとは、数字と単位記号の間は、若干の隙間を空けること。これは、読みやすくするため」

「ふむ……触れあうことは能わぬにもかかわらず、寄りそって離れぬとは、なんといじらしい」

「そうね——」

デルタは硬い笑顔でうなずいた。

「ときどき、単位記号を括弧でくくる書き方を見かけることがあるけれど、あれは SI の流儀ではないので、注意してね」

「え、そうなのか?」

「物理使いになるのなら、SI の流儀に則っておかないとね」

フィリシアは、こく、とうなずいた。

　　——そうよね。従臣たちを囲いこんで、精霊からひき離してしまっては、
　　　　可哀想……。

「じゃ、つぎね。つぎは、組立単位。単位の積で組立単位を表すときは、$\overset{\text{ニュートン・メートル}}{N\,m}$ のように隙間を空けるか、N·m のように点を打つ。商なら、$\overset{\text{メートル毎秒}}{m/s}$ のように斜線を引くか、$m\,s^{-1}$ のように負の冪乗で。これは文字式の記法と同じね」

　　——と、いうことは……従臣たちは異世界の礼法に合わせてる、ってこ
　　　　とか……従臣たち、優しいな。

「そして、接頭語。接頭語と単位の記号との間は、隙間を空けずにくっつける。たとえば、cm や km のように詰めて書く、ということ」

「なるほど。腹心の部下だけあって、従臣とは一心同体なのだな……」

　　——あれ?　そういえば、キログラムの、キロって……。

デルタがつづける。

「それからもうひとつ。接頭語は冪に優先する」

「ん?　どういうことだ」

「単位記号に接頭語と冪が両方あるときは、接頭語との結びつきの方が強いの。たとえば、面積の単位 $\overset{\text{平方センチメートル}}{cm^2}$ は、あえて書くと $1\,(cm)^2$ であって $1\,c(m^2)$ ではない、ということね」

「ふむ。それは、そうであろうな」

フィリシアはうなずいた。

「従臣と腹心は、一心同体だ」

「最後に、ひとつ注意を」

デルタが、ぴっ、と人差し指を立てた。

「じつは、基本単位なのに接頭語がついてる単位があって──」

「そう、キログラム！」

フィリシアも、ぱっ、と目を見開く。

「腹心の部下を伴わない $\overset{グラム}{g}$ が、本来の従臣の姿ではないのか？」

翠の瞳が微笑む。

「そう思うわよね。けれど、あくまでも単位記号 g に接頭語 k がついた $\overset{キログラム}{kg}$ が基本単位。ただ、接頭語はひとつしか使えない約束だから、あたかも g が基本単位であるかのように接頭語をつけるの。だから、$1 \times 10^3\,kg$ は 1 kkg とはせずに、接頭語の k を一度 10^3 に戻して──」

デルタはラサに、

$$1 \times 10^3 \times 10^3\,g = 1 \times 10^6\,g = 1\,Mg$$

と書きながら、説明する。

「──という具合に、$\overset{メガグラム}{Mg}$ とする。小さい場合も同じで、たとえば $1 \times 10^{-6}\,kg$ は、1 μkg ではなく $1\,\overset{ミリグラム}{mg}$ とする約束」

「なんだか煮えきらない規則のようにも思えるが……なぜ kg だけ、はじめから腹心を伴っておるのだ？」

「歴史的な経緯らしいの。単位は社会と密接につながっているから、論理的でありさえすれは受けいれられる、というものでもないのよ」

「大人の事情、ということか」

──世間のしがらみをあえて受けいれるなんて、懐も深いのね……。

「まあ、そんなところかしらね。ちなみに、ときどき Kg と書かれることがあるけれど、接頭語の k は小文字。これも SI の流儀ではないので、注意してね」

「ふむ」

デルタが明るい声色で、さてと、といった。

「長い寄り道は、これでおしまい」

と、白いラサをフィリシアの手に戻す。

フィリシアは、ふう、と息をつき、デルタを見てわずかに頬を緩めた。
「？」
　デルタが目敏く反応する。
「なにか、おかしかったかしら？」
「あ、いや。そうではない──」
　フィリシアは、慌てて首をふる。
「ただ、わたしには教えない、という話ではなかったか、と思って、な」
　デルタが肩をすくめた。
「教えない、とはいっても、まったくなにも伝えない、ということではないの。
定義とか流儀とか、そもそも知らなければ話が通じないような、意思疎通の前提
になる事柄については、教えるわよ、もちろん」
「よかった」
「え？」
「すべてをひとりで攻略せねばならぬのかと、正直すこし挫けていたのだ。それ
を聞いて、安心した」
「まあ……けれど、姫君の修行の機会を奪うようなことは、教えないわよ」
「わかっておる」
　フィリシアはデルタと微笑みを交わした。
「では──」
　デルタが、ぱん、と両手を打ちあわせた。
「安心したところで、その物差しの単位をうかがおうかしら」
　フィリシアはうなずいて、
「この物差しの単位は、cmだ」
　とこたえた。
　デルタがにっこりと微笑みかける。
「では、そう判断した根拠は？」

1.8
測 定

「根拠？」

　フィリシアはデルタを見返してから、物差しを手にとった。

「——それは、物差しに cm と記されておるし、目盛りに書かれている数字も cm 刻みだし……」

　デルタが胸の下で腕組みをして、

「たしかに数字は、cm̈、が単位になっているわね」

　と、センチメートル、を強調気味に相槌をうった。

「……ん？」

　フィリシアは物差しを置いて、扉の脇に埋めこまれたラサを見た。さきほど書いた、

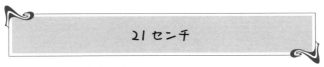

21 センチ

という答が、表示されたままになっている。

「そうか！　腹心だけでは不十分だ。肝心の従臣がおらねば」

「気がついたのなら——」

　デルタが、促すようにいった。

「修正していただける？」

　フィリシアは卓をまわり込んで扉の前まで行くと、くるり、とデルタに向きなおった。

「これを消すには、どうすればよいのだ？」

「消したい部分をこするの」

　と、デルタがさするような身振りを見せた。

「指でも、スタイロスの頭のほうでも、どちらでも消せるわよ」

　フィリシアはうなずくと、ラサに表示されている、センチ、を消して、cm、と書きなおした。

21 cm

──従臣はがっしりと立つ、精霊と従臣は寄りそうけど触れあうことは
　　　できない、腹心と従臣は一心同体……。

　表記法をひとつひとつ確認してから、よし、とうなずき、扉の把手に手をかけた。
慎重に、押し引きする。

　だが、やはり扉は開かない。

　　　──だめかぁ……。

　肩を落とすフィリシアに、デルタが声をかける。

「目盛りの間隔は、どうなっているかしら？」

　フィリシアは、唐突な問いかけに戸惑いながら、卓上の物差しに目をもどした。

「線は 1 ミリ刻み──」

　デルタが咳払いをして、眉根を寄せて見せた。

　フィリシアは慌てて、いいなおす。

「ではなく、1 mm 刻み、だ」

「そうよね。では、その物差しで測ることのできる、もっとも短い長さは、どの
くらいかしら」

「それは、1 mm、ではないのか？」

「……そうか」

　デルタが卓の向こう側から、フィリシアを呼びもどした。

「そうね。たしかに、目盛りの間隔は 1 mm よね。目盛り間隔のことを、最小目
盛り、と呼ぶこともあるから、この物差しの場合、最小目盛りは 1 mm ともいう。
だけど──」

　と、置かれたままになっている物差しを取りあげた。

「物理使いは、欲張りで吝嗇なの。道具はできるだけ上等なものを手に入れたい
し、手に入れたなら骨の髄までしゃぶり尽くす。それが測定器だったら、可能な
かぎり高い精度で、限界まで精密に測定する」

「ふむ……」

「だから、物差しのような目盛りを読みとる測定器では、最小目盛りまで測った
くらいで満足なんてしてあげない。最小目盛りの 1/10 まで目分量で読む、とい
うのが物理使いの作法、というか、心意気なの」

　フィリシアは、そういえば、とうなずいた。

「最小目盛りの 1/10 まで読む、というのは、耳にしたことがあるような……」

　デルタも、そうでしょう、とうなずいて、

「この物差しなら、0.1 mm までは、読むことができるわね」

　と、物差しを差しだす。

「規則だからではなくて、その物差しの潜在的な能力を引きだすつもりで測定していただきたいの」

「なるほど」

慇懃に受けとったフィリシアは、

「異世界からの召喚には、この物差しに秘められし能力を発動させねばならぬ、ということか……」

といい聞かせるようにつぶやきながら、物差しを天板の金属線に沿わせた。ところが、すぐに眉間に皺を寄せ、救いを求めるようにデルタに目を向ける。

「だが……ぴったり、21cm、なのだが」

「うーん、そうか……」

デルタはわずかの間、考える素振りを見せてから、うん、となずいて、フィリシアのラサに数直線を描いた。

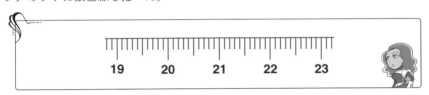

「この数直線上で21という数を示すには、どうするかしら?」

「ふつうの数直線で、ということか?」

フィリシアは上目遣いで、警戒気味に尋ねた。

デルタが落ちついた笑みを返す。

「とりあえずは、ふつう、だと思って」

「ふつうの数直線なら……21のところに、点を打つ」

フィリシアは身構えたまま数直線上に小さく黒丸を描き、ちらりとデルタをうかがう。

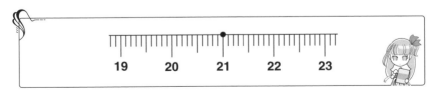

デルタは口に手を添わせて、ほほほ、と笑った。

「そんなに怖じけなくてもいいのに」

と、優しい笑顔で諭す。

フィリシアは口を尖らせた。

「……だが、簡単なことを尋ねるときには、なにか裏があるのであろ？」

「裏なんてないわよ」

　デルタは、数直線に描いた黒丸を指した。

「数学の世界では、点には大きさがない、と考えるから、姫君が数直線に描いた丸は、まさしく 21 という数を示していると考える、という約束よね。でも、現実の世界では、大きさのない点は描くことができない」

　といいながら、数直線に、cm、と単位を書きこんだ。

「現実の世界では、点のつもりで描いても、かならず大きさを伴ってしまう。それが大きければ──」

　黒丸に親指と人差し指で触れ、指を開いて拡大する。

「どの数値を示しているのか、はっきりしないでしょう」

「たしかに……ボンヤリしてる」

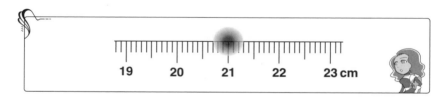

「小さければ──」

　今度は親指と人差し指を閉じて、黒丸を縮小する。

「示している数値の範囲は、狭くなる」

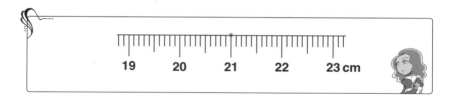

「なるほど、ボンヤリが減ってる」

「現実の世界では、広い狭いの違いはあるにしても、数値は範囲でしか指定できないの」

「数値が……範囲？」

　訝るフィリシアに、デルタがうなずいた。

「つまり、ある物理量の測定値というのは、その数値が示す一点ではなく、その数値を含む範囲を代表しているものなの」

「それは……異世界から現実世界に召喚されると、具現化した姿は輪郭が滲んで
しまう、ということか」
「そう、かしらね……見方を変えると、測定値を見ればどの程度の精密さで測定
をしたのかがわかる、ということ」
「……輪郭の滲み具合から、どのように召喚されたのか、見当がつくのか」
「そして、さきほど姫君が扉に示した 21 cm という数値は、物理使いには──」
　デルタはふたたび黒丸を大きくした。

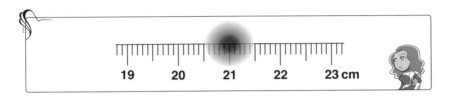

「このくらいの範囲を表していると、受けとられてしまうのよ。姫君の意図とは、
関係なくね」
　フィリシアは目を見開いた。
「ボンヤリが、大きい……」
「この黒丸の大きさと、その物差しの目盛りを比較してみて」
　フィリシアはデルタにいわれるままに、卓上の物差しを取りあげ、ラサに表示
されている数直線上の黒丸に当ててみた。

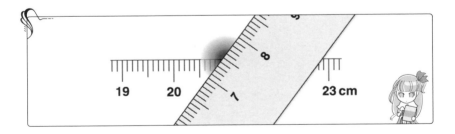

「目盛りのほうが、ずっと細かい……」
「ということは、姫君はその物差しの能力を、まだ十分には引きだせていない、
ということではないかしら？」
　フィリシアは唇に指を添わせたまま、物差しと数直線をじっと見つめた。

1.9
感度

「つまり、ちょうど 21 cm という目盛りのところを読んだとしても、21 cm と書いたのでは、この物差しの召喚能力は発動していない、ということか……」

　フィリシアは数直線を見つめたまま、つぶやいた。

「説明していただける？」

　デルタの声が、優しく訊いた。

　フィリシアは瞼を閉じて、すこし考えをまとめてから、口を開いた。

「最小目盛りの 1/10 まで目分量で読む、というのが召喚条件ならば、目盛りが 1 mm 刻みのこの物差しは、0.1 mm まで、つまり、0.01 cm まで読まねばならぬ、ということになる」

「そうね」

　デルタが相槌をうって、人差し指を立てた。

「姫君のおっしゃる、召喚条件？、のことを物理使いは、測定器の感度、というの。測定できる最小量のことね。その測定器で測ることのできる限界、と考えてもいいわ」

「なるほど。感度、が 0.01 cm ということは、測定した結果も 0.01 cm まで数字がある、ということで、いいのだな？」

「そういうことね」

「ならば――」

　フィリシアはうなずいて、物差しをふたたび天板の金属線に沿わせた。

「この線の長さは、21 cm の目盛りぴったりのところまであるのだから、感度が 0.01 cm ということは……測定値は、20.99 cm でも 21.01 cm でもなく、その間、ということになるが……」

「そうね。だとすると、どうなるかしら？」

「だとすると……21.00 cm、だろうか……しかし、小数点以下が 00 というのは、無いものに無いものが重なっていて、妙な感じだが……」

　フィリシアは、物差しと数直線を何度も見比べる。そして、

「そうか！」

　と顔をあげた。

「0 は、無い、という意味ではないのか！」

「それは、どういうこと？」

　デルタが嬉しそうに説明を求めた。

　フィリシアは数直線を指しながら、デルタの表情をうかがう。

「この0は、9でも1でもなく、その間の0、という意味なのだな」

　デルタが、にこ、とうなずいた。

「納得していただけたかしら？」

「うむ。納得したというか、すっきりした」

　笑顔を返したフィリシアは、はっ、と壁際のゼタに目をやった。

「——習慣を省み、常識を疑い、当然を怪しみ……あの呪文は、習い性に囚われているわたしへの戒めだったのですね、お師匠様」

　ゼタは、杖を抱いて背を丸めたまま、動かない。

「……お師匠様？」

　フィリシアは不思議そうにゼタを見つめる。

　デルタがため息をついて、

「御師匠様は、一度あの"体勢"になると、ちょっとやそっとのことでは起きないのよ」

　と、両手の二本指を鉤形に曲げる手振りを交えて告げた。

「え？」

　フィリシアはデルタをふり返った。

「いつものことだから、気になさらないで」

　と、ゼタに視線を向けたデルタが、

「あらあら——」

　と笑みをもらした。

「あの子も眠ってしまったのね」

「えっ」

　覗きこむと、ゼタの傍らに置いた背負い子にもたれて、リテラが首を垂れている。細い肩が呼吸に合わせてゆっくり上下する様子を眺めながら、フィリシアは目を細めた。

「……しばらくこのままに、してやってはもらえぬか」

　デルタが、問いかけるような眼差しをフィリシアに向けた。

「昨晩は出立の準備やらなにやらで、あれこれと気を揉んでくれてな。ああいう性格ゆえ、はっきりとは申さぬが、どうも徹夜をしたようなのだ」

「ああ、それで」

　デルタは合点がいったように笑顔を見せた。

「荷物のことをいろいろと訊いてきたのね」
　そして、リテラに目を向け、
「そうね。入り口は封鎖したのだから、問題はないと思うわよ。あいつとあの坊やもいることだし」
　と、隧道の反対側でラサを読んでいるプライムのほうに顎をしゃくった。
「だからいまは──」
　デルタは正面の壁を指した。
「姫君の答を、扉に尋ねていただける?」
　フィリシアは、ほっ、と息をついてうなずくと、扉の前にまわり込み、壁のラサに、

21.00 cm

と書きこんだ。
　把手を引く。
　扉は、なんの抵抗もなく開いた。

1.10
内省

「開いた!」
　フィリシアはふり返り、顔をほころばせた。
「おめでとう、姫君」
　傍らまでやってきたデルタが、フィリシアの両手をとった。
「迷宮にはまだ入っていないけれど、なにはともあれ、姫君が攻略した、はじめての扉よ」
「……ありがとう」
　こそばゆくなって下を向くフィリシアに、デルタは、ふふふ、と笑いかけた。
「この調子で、あとの4枚も攻略するわよ」
「うむ!」
「でも、その前に──」

と、ふたたび卓の方を向かせる。

「ん？」

フィリシアは手を引かれたまま、肩越しに扉をふり返った。

「先に進むのではないのか？」

「あら」

デルタが頓狂な声をあげた。

「見たり聞いたり考えたりしたことを、そのまま放置しては駄目よ。修行ではね、ひと区切りつくごとに一度立ちどまって、内省することが大切なの」

「内省？」

「そう。自分自身との対話。獲得した知識はなにか、理解した概念はどのようなものかなどを、まとめてみるの。そうすることで、知識や概念が定着しやすくなるのよ」

「なるほど、そういうものか」

「なので先に進むまえに、ここでわかったことをまとめていただけるかしら？」

「ふむ――」

フィリシアは、記憶の糸をたどりながらこたえる。

「……まず大切なのは、物理は冒険、ということだ。物理使いは数学的な処理のために異世界に赴くが、現実世界に戻ってこなければならない。そのためには、SI という、優しくて心の広い従臣たちが不可欠だ。従臣は７人しかおらぬが、それぞれが連携することで、どのような状況にも対応できる優者だ。あと、異世界の精霊は――」

デルタが首をかしげた。

「精霊？」

フィリシアは、うむ、とうなずく。

「数は異世界の住人とのことであったので、ならば精霊のようなものかと」

「ああ、そういうこと」

デルタが首を縦にふるのを見て、フィリシアはふたたび記憶を探る。

「ええと、それで――精霊と従臣は相思相愛ゆえ、互いに触れあうことは能わぬにもかかわらず、寄りそって離れない。従臣には腹心の部下――接頭語もいて、こちらは一心同体で離れることはない……それから、精霊を現実世界に召喚するには、目盛りの 1/10 まで読んで召喚能力を発動させねばならない。そのようにして現実世界に現出した精霊は、召喚に使われた目盛に応じて輪郭がボンヤリしている……といったところであろうか」

デルタが強張った笑顔で、そうね、とうなずいた。

「理解は、できたかしら？」

「そうだな。理解というか、単位にまつわる設定は、つかむことができたように思う。それに——」

　フィリシアは顔をほころばせた。

「物理にも異世界や魔法があるとわかって、よかった」

　デルタは眉根を寄せて、小さくため息をついた。

「比喩では本当に理解できたかどうか、わからないけれど……いまのところはそれでいいかな。それに、姫君の比喩はその、なんというか……個性的、だと思うわよ。それはそうと——」

　真顔になって、

「ひとつ気になることがあるの」

　と、フィリシアの目を見据えた。

「姫君はいま、記憶を頼りに、こたえたわよね」

「う、うむ」

　フィリシアは、怯み気味にうなずく。

「今後は、フォリオに記録した内容を確認しながら、こたえていただきたいの」

「……うむ」

「記憶に頼ると、曖昧なことや勘違いしていることがあるかもしれない。記録を確かめれば、そういう間違いを防ぐことができるでしょう。

　そのためにも、フォリオにはすべてを記載していただきたいの。フォリオは行動と思考の記録。測定値や数式、計算だけでなく、考えたことや疑問に思ったことも、時系列に書いていくものよ」

「なるほど……」

「コツは、びっしりと詰めて書かないで、空けすぎかな、と思うくらいに余裕をもたせること、かしらね」

「……心得た」

「あ、それから、御師匠様の一言って、そのときはよくわからないかもしれないけれど、そのまま記録しておいたほうがいいわよ。きっと、さまざまな場面で姫君を助けてくれるはず」

「そうだ。あの呪文——お師匠様の一言、というのは、なんなのだ？」

　デルタが、ふふふ、と笑う。

「だからいったじゃない。御師匠様は教えず、ほのめかすだけだ、って」

「ふむ——」

　フィリシアはうなずいたあとも、つぎの言葉を期待してデルタを見つめていた

が、はっ、と気がついて、指摘された事柄をフォリオに書いていく。が、しばらく書いたところで、うーん、と唸って手を止めた。

「どうかなさった？」

「それが、その……お師匠様の呪文だが——習慣を省み、常識を疑い、当然を怪しみ——のあとが、どうしても思い出せぬのだ」

　デルタは、ぴっ、と人差し指を立て、

「ひたすらに己の思考に臨め、だったわね」

　と、慣れた調子でそらんじた。

「そ、そうか……」

　フィリシアが慌てて書きとめると、デルタは置かれたままになっていた物差しをつまみあげ、天板の溝に、コトリ、と戻した。

「では、先に進みましょうか」

　それぞれの荷物を持って、フィリシアとデルタが扉の前に立った。

　デルタがフィリシアの背中を、促すようにそっと押す。

「どうぞ、お先に」

「う、うむ」

　フィリシアは右腰の 短剣 に手を添えると、口をきゅっと結び、ゆっくりと開口部をくぐり抜けた。

†

　ドリューは、鉛筆を走らせる手を止めた。

　見つめる先で、フィリシアとデルタの姿を隠すように、木製の扉が閉じられる。

「最初の扉は——」

　プライムの声がした。読みさしのラサから顔をあげ、扉に視線を向けている。

「攻略できたようだな」

　ドリューは、ぱさり、と画帖を閉じた。

「ですね」

「じゃあ、おれたちも——」

　と立ちあがったプライムが、隧道の向かい側に目をやって眉間に皺を寄せた。杖を抱えるゼタの脇で、リテラが背負い子にもたれかかって寝息を立てている。うつむき加減の寝顔があどけない。

「なんだよ……リテラまで眠っちまったのか」

「仕方ありませんよ」

ドリューは頬をゆるめて、いたわるようにいった。
「ずいぶん張りきってましたから」
　プライムが、ふん、とドリューを一瞥してから、しゃあないな、とふたたび腰
をおろす。
「おれはこのふたりを見てるから、おまえはあのふたりと先に行け」
「え？」
　ドリューは驚いて、プライムの顔を見た。プライムが不機嫌そうにつづける。
「お姫様が最後の扉を攻略しても合流しないようなら、呼びに来てくれ」
「はい……でも」
　ドリューは、フィリシアとデルタが通った扉に、ちらり、と目をやった。
「先に行って、なにをすれば？」
「はあ？」
　プライムは呆れたように訊きかえす。
「師匠からなにも聞かされてないのか」
「はい。ご老体には、橋と扉を封鎖するよういわれただけで、ほかにはなにも」
「おまえ、助言者の経験は？」
「ありません」
　プライムは背を丸めたゼタに視線を向けると、もういちど吐息をもらし、
「……なるほど」
　とつぶやいた。
「だったら、なにもしなくていい」
　そして手元のラサに目を落とすと、つき放すようにいった。
「あいつがお姫様の相手をする様子を、黙って見とくんだな」
「はあ……」
　要領を得ないままうなずいたドリューは、躊躇いながら卓に進み、天板の溝か
ら物差しを取りあげた。手早く金属線の長さを測りとり、画帖に図を描いて値を
記録すると、壁のラサに、

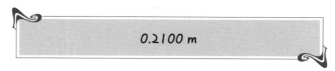

0.2100 m

と書いて、横目でちらりとプライムをうかがう。と向こうでも、前髪の奥で視
線を戻す気配。ドリューは訝りながらも扉の把手を引き、戸口をくぐった。

2nd door
周 の 扉

2.1
基点

　薄暗い隧道を進みながら、フィリシアは並んで歩くデルタの横顔をうかがった。

「デルタは……器用、なのだな」

「え？」

　デルタが顔を向ける。

「あんなふうに綺麗に飾るのは、手先が器用であらねばできぬであろう？」

「ああ、スタイロスのこと？」

「その——」

　フィリシアは、ためらいがちに訊いた。

「わたしのような者にも……できるであろうか」

「そおねえ」

　デルタは人差し指を頬に添え、前に向きおなった。

「手先の器用さより、意思と根気の方が、大切かな」

「意思と、根気？」

「そう。最後までやり抜こうという意思と、途中で投げださない根気」

「……ふむ」

「器用な指先だけがあっても、ものは勝手にはできあがらないけれど——」

　と、悪戯っぽい笑顔を見せる。

「途中で投げださずに最後までやり遂げれば、かならず完成するでしょう？」

　フィリシアはデルタを見返した。

「それは……詭弁ではないのか？」

　デルタが、ふふふ、と笑う。

「塔の攻略も、同じね」

「…………」

　隧道に互いの靴音が響く。

　沈黙を破るように、デルタが口を開いた。

「姫君はきっと、書物がお好きなのでしょうね」

「……ん？」

　フィリシアは、訝りながら顔をあげた。

「本は、好きだが？」

デルタが口元を緩める。

「あのように空想力が豊かでいらっしゃるのは、よほど沢山の編章に親しまれてこられたからでは？」

フィリシアは、うなずいた。

「まあ、それなりには」

「なかには、長いものや難しいものも、あったのではないかしら」

「そうだな……だがそういう本ほど、得てして愛おしくなったりするものだ」

デルタが足をとめた。

「愛おしい？」

フィリシアも立ちどまる。

「たとえば──」

と口元に指を添え、視線を斜め上に走らせた。

「物語の展開にどきどきして、どんな結末か知りたくて、でもその世界が終わってしまうのが寂しくて、いつまでもつづいてほしいと切なくなって、それで気がつくと夜が明けている、というような感じ、であろうか」

デルタは、にこ、と笑顔を見せた。

「ね、だから大丈夫」

ふわりとアッシュの髪をふり、ふたたび歩きだす。

ぽかん、とうしろ姿を見送ったフィリシアは、慌てて大きな背嚢を追った。

†

次の隔壁はすぐに現れた。明るく照らされた卓の向こう側に木製の扉と壁に埋めこまれたラサ、という設えは、前回と変わらない。

「さあ、第2の扉ね」

デルタが大仰にいった。

フィリシアは黙ってうなずき、問題を確かめようと卓の前で立ちどまる。

そのとき、背後から、

「やっと追いついた」

と声が聞こえた。

ふり返ると、ドリューが歩いてくる。

「ひとり、なのか？」

戸惑い気味に尋ねるフィリシアに、ドリューは、ええと、と頬を掻いた。

「ご老体もリテラさんも眠ってしまったので、ぼくだけ先に行けといわれて」

とこたえてから、慌てたように、
「あ、プライムさんは残って、ふたりを見てるそうです」
　とつけ加えた。
「そうか……」
　フィリシアは眉をよせて隧道の奥を見つめた。
「あの子が、心配？」
　デルタが声をかけた。
「いや、そういうわけでは……」
「あいつなら、大丈夫」
　フィリシアに向かって微笑む。
「いい加減そうに見えて、そういうところは律儀なやつだから」
「……うむ」
　フィリシアは、デルタの顔をじっと見つめた。
「プライムとは、その……どのような知り合いなのだ？」
　デルタが、はあ、とため息をついた。
「はじめて〈物理の迷宮〉で修行をしたときに、一緒に塔に入った仲間よ。その
とき以来の、腐れ縁」
　と肩をすくめると、ドリューをふり返る。
「で、あいつは、なにかいってた？」
「ああ、はい」
　ドリューがこたえる。
「なにもするな、デルタさんが姫の相手をする様子を黙って見ておけ、と」
　デルタは腕組みをして、ふうん、と隧道の奥を見やった。
「──そういうこと、ね」
　フィリシアは訝って尋ねる。
「どういうことだ？」
　デルタは、
「あら失礼、こちらの話」
　とフィリシアに笑顔を向けてから、
「そういうことなら──」
　と、ドリューの方を向いた。
「私には坊やは見えていない、ということで、いいわね」
「坊や……？」
　呆然とするドリューの様子に、フィリシアはくすくすと笑った。

「それより」
　デルタがフィリシアに向きなおった。
「第2の問に取りかかりましょうか」
　フィリシアは、卓の天板に刻まれている問題に目を向けた。
　天板には、銀色に輝く長方形の金属板がはめ込まれ、

この長方形の周の長さを示せ

と文字が刻まれている。金属板の横には、前と同じように、細い溝が切られ、物差しが仕込まれている。
「周とは、まわりの長さ、のことだな。簡単すぎでは——」
　とそこまでいったところで、言葉を切った。
「と、思わせておいて、またなにか裏が……」
　デルタに目を注ぐ。
「だから、裏なんてないわよ」
　デルタは溝から物差しを抜きとり、フィリシアに差しだした。
「そうであろうか……」
　フィリシアは疑いの眼差しで物差しを受けとると、金属板の長辺に沿わせ、端を揃えるように滑らせた。目盛りを読もうと屈んだとき、
「ちょっと、よろしいかしら」
　とデルタが遮った。
「ん？」
「さきほどは指摘しなかったのだけれど——」
　と、物差しの端の部分を指した。
「物差しの端は使わない、というのが、物理使いの作法なの」
「え、そうなのか？」
　ふり返るフィリシアにうなずいて，デルタがつづける。
「物差しには、端から目盛りが振られているわよね」
　フィリシアは物差しに目を戻した。
「——うむ」
「ただ、端が0を示すから、0の目盛り線は刻まれていないの」
「……たしかに」
「けれど、端はすり減っているかもしれない。目盛りがないのだから、それを確

かめる術もない。だから長さを測るときは、端からではなく、刻まれている目盛りで2点の位置を読んで引き算するの」

「なるほど」

　フィリシアは位置をずらそうと物差しに手を添えたが、そのままの体勢でデルタにふり向く。

「使うのは、定規……ではなく、物差しの、どの部分でも構わぬのか？」

　デルタがうなずく。

「恣意的にどこかの目盛りに合わせようとしなければ、どこでも構わないわよ。気になるようなら、目盛りの間隔が一定かを検証すべきだけれど、いまはそこまでする必要はないでしょう」

「なるほど。位置による優劣はない、ということか……円卓のようなものだな」

　フィリシアは物差しを滑らせて、端を金属板の縁からずらした。

　　──召喚条件は、最小目盛りの 1/10 まで読むこと。

　と自分にいいきかせながら物差しから手を離し、目を寄せて目盛りを読みとっていく。

　　──ええと、左端が……1.13 で、右端が……22.63 だから、右から左を
　　　　引いて……。

　そこで、はっ、と気づいて、背嚢からラサとスタイロスを取りだした。フォリオを表示させ、もういちど物差しの目盛りを確かめながら、

 $$22.63 - 1.63 = 21.00 \text{ cm}$$

　と書きこむ。

　　──あれ？　さっきと同じだ……。

「そうきたか」

　デルタが声を漏らした。

　フィリシアは、ん？、とデルタの表情をうかがう。

「今回はきちんと、21.00 と書いたが……」

「うーん、そこは問題ないのだけれど、ね」

　デルタは頬を指先でとんとんと叩きながら、フォリオを睨んだまま動かない。沈黙に耐えかねたフィリシアは、救いを求めるように壁際のドリューに視線を泳がせた。だが、画帖に顔をうずめるようにして手を動かしている姿を見て、はあ、とため息をつく。

　　──いまはだめね。あんな感じのときって、なにをいっても聞こえて
　　　ないんだから……。
　　そのときデルタが小さく、うん、といって、等号を指した。
　「この記号は、なんだったかしら」

2.2
次元

　　フィリシアは、デルタの指の先にある「＝」を、まじまじと見つめた。
　「それは、等号、だが……」
　「そうよね。前の扉でも訊いたことだけれど、どういう意味だったかしら」
　「大きさが同じとか、種類が同じとか……」
　　警戒しながらこたえるフィリシアに、デルタが重ねて尋ねる。
　「同じなのは、なにとなに？」
　「それは……左辺と右辺が、ではないのか」
　「そうよね」
　　デルタがうなずき、さらに訊く。
　「では、姫君が書いたその等式の左辺と右辺は、同じかしら」
　「ん？」
　　フィリシアはフォリオの数式を確かめてから、探るようにデルタの表情をうか
がった。
　「──同じ、だと思うが」
　「あら、私の顔を見ても、こたえは書かれてないのよ」
　　と、デルタが微笑む。
　「惰性や盲信に捉われていてはだめ。御師匠様にもいわれたでしょう？　論理的
に考えなくては」
　「ふむ」
　　フィリシアはもういちど、数式に目をやった。
　「ただの引き算ではないか……考えろといわれても、なにをどう考えればいいも
のか……」
　「そうよね」
　　デルタが穏やかに同意する。

「ただの引き算よね。そして等号は、左辺と右辺が同じであることを示す記号」

　フィリシアはうなずいた。

　デルタがつづける。

「でもね、左辺と右辺でなにが同じなのかは、その数式があらわしているものによるの」

「……ラサとか文具とか、のようにか？」

「そう。いま姫君が書いたのは、物理量の関係をあらわす数式よね。では、その数式があらわしている物理量は、なにかしら」

「それは……この長方形の、横の長さ、だが」

「とういことは、等しいのは、なに？」

「……長さ、だな」

「そう、長さよね。ところで、この数式の右辺が長さをあらわしていることがわかるのは、なぜ？」

「それは……単位が cm だから、か」

「そうね。cm という単位が、その物理量が長さであることを示している。では、左辺はどうかしら」

　フィリシアは、じっと数式を見る。

「……ああ、そうか、従臣がいない──単位がない、ということだろうか？」

　デルタが、説明して、と促す。

「ふむ、そうだな……左辺は精霊の引き算なのに右辺には従臣がいて、均衡に欠ける、ということか」

　フィリシアの説明に、デルタは小首をかしげた。

「おっしゃりたいことは、わかるわよ」

「うう……なんだかうまくいえなくて、もどかしいというか、もやもやするというか……」

「単位に関連して、ひとつ理解していただきたい事柄があるの──」

　デルタが、ぴっ、と人差し指を立てた。

「それは、次元、ということ」

「……次元？　線は 1 次元とか、面は 2 次元とかの、次元か？」

「空間の広がりを表す次元とは異なる概念よ。まあ、突きつめて考えれば同じことではあるのだけれど。

　いま知っていただきたい次元は、物理量を構成する基本単位の組み合わせのこと。空間の次元と区別するために、物理的次元、といったりすることもあるわ。

　SI 単位系では、7 つの基本単位にはそれぞれ独自の次元がある、とみなされ

るの。次元は、長さを L、質量を M、時間を T などの記号であらわすことになっていて――」

といいながらデルタは、フィリシアのラサに表を表示させた。

SI で使用される基本量と次元

基本量	次元の記号
長さ	L
質量	M
時間	T
電流	I
熱力学温度	Θ
物質量	N
光度	J

「たとえば、面積なら長さの 2 乗であらわされるので次元は L^2、体積なら L^3、という具合に、基本量の次元の冪（べき）であらわすことで、どんな量の次元でも表現することができるの。そして、この冪を示す指数を、次元指数、という。

で、単位が異なっていても，量が同じなら次元は同じ。cm という単位であらわされる長さの次元は L で、単位が m や km のように異なっていても、次元は同じ L ということね。たとえば、1 と 60 は数としては等しくないけれど、1 min（分）と 60 s（秒）は量として等しいでしょう――」

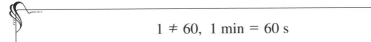

$$1 \neq 60, \ 1 \ \mathrm{min} = 60 \ \mathrm{s}$$

「これは、1 min も 60 s も、どちらも T という次元だから。物理量と次元と単位は混同しやすいから、気をつけてね」

「ふむふむ。等号で結ばれた左辺と右辺は、次元が同じでなければならぬ、ということは……つまり、従臣たちというのは、家門や閥族が異なっていても、属性が同じならば、両辺に並びたつことができる、ということだな」

「そう、かしらね……そして、その量の次元がなにかがわかるのは――」

「従臣が現実世界とのつながりを保っているから、ということか」

デルタが笑みを浮かべた。

「それじゃあ、左辺を書きかえていただけるかしら」
「うむ」
　フィリシアは、左辺の数字の右側に、それぞれ単位を書きくわえた。

$$25.63 \text{ cm} - 4.63 \text{ cm} = 21.00 \text{ cm}$$

「こう、だろうか？」
　おずおずと尋ねるフィリシアに、デルタは大きくうなずいた。
「ええ。いいと思うわよ」
「そのお——」
　フィリシアは、ためらいながら切りだす。
「……本当に、これでよいのか？　自分で書いておきながらおかしいかもしれぬ
が、違和感を覚えるというか、奇妙な印象を受けるのだが」
　デルタは表情を変えずに、
「あら、そう？　おかしなことはないと思うわよ」
　と返すと、
「物理量は必ず、数値と単位の積であらわすこと。数値だけ計算しておいて、あ
とから単位を付ければいいという態度は……本人たちの意思はないがしろにし
て、勝手に決めたふたりをくっつけてしまえ、という非情な行為と同じなのよ」
　といって、はにかんだ笑顔を見せた。
「……う、うむ」
「姫君がさきほど喩えていたように、数値と単位は相思相愛。ふたりの仲を裂く
なんて、残酷な仕打ちだとは思わない？」
「ふむ……だが、それはそれで、なんというか……物語が動きだしそうな予感は
あるな」
「え？」
　デルタが目を丸くする。
　フィリシアは壁際に目をやった。
「——立場の違いを超えて愛するふたりと、それを許さぬ互いの家柄。引きはな
され悲嘆にくれる恋人たち。だが障害が大きいほど、ふたりの愛は激しく燃えあ
がり、さらに深まっていく……なんだか情熱的な展開になりそうではないか」
　と、目を細める。
　デルタが目をしばたたかせて、そうね、と相槌をうったが、けれど、といって

両手を腰に当てた。

「物理使いとしての情熱はともかく、論理的に一貫した物理量には、情熱的な展開は不要。愛するふたりには、想いを遂げてもらいましょう」

「……ふむ。精霊と従臣の愛には敬意を払うということだな。心得た」

うなずいたフィリシアは、スタイロスを持つ手で、しだれる髪を耳にかけた。

——わたしも、わたしの物語を、紡がなくちゃ。

そしてしばし考えてから、

$$21.00 \neq 210.0 \,,\ \ 21.00 \ \text{cm} = 210.0 \ \text{mm}$$

とフォリオに書きこみ、にこ、とデルタに微笑んだ。

2.3
他人の自分

「さてこれで——」

デルタも、フィリシアに笑顔を返した。

「長辺の長さは測ることができたわけだけれど、次はどうしましょうか？」

「そうか、周の長さを求めていたのであったな」

フィリシアはふたたび物差しを手に取った。

「今度は短いほうを測らねば」

物差しを長方形の短辺に沿わせて、

——上端が……5.74 cm で、下端が……20.66 cm。

と目盛りを読みとりながら、フォリオに書くわえた。

$$22.63 \ \text{cm} - 1.63 \ \text{cm} = 21.00 \ \text{cm}$$

$$20.66 \ \text{cm} - 5.74 \ \text{cm} = 14.92 \ \text{cm}$$

「縦の長さは 14.92 cm だな。つまり、周の長さは——」

「姫君って、本当にわかり易い」

柔らかい声で、デルタが遮った。

「え？」

　驚いて、デルタを見返す。

「あら、気に障ったのならごめんなさい。嫌味をいうつもりはないのよ。ただ、予想通りの反応がつぎつぎに返ってくるものだから」

　フィリシアが慌てる。

「またなにか、しでかしただろうか？」

「いえいえ」

　デルタが首を横にふってから、

「いままでに指摘したことは、できているわよ」

　と縦にふった。

　　──よかった。

　フィリシアは、ほっ、と胸をなでおろすが、

　　──あ、いや、よくないのか……。

　と、神妙に口を結ぶ。

「ほら、そういうところ。そういう素直な反応が、可愛らしいのよね」

「からかうでない……」

「からかってなんかいないわよ」

　デルタが、にっこり微笑んだ。

「物理使いは素直じゃないのが多いから、ちょっと嬉しくなっちゃった」

　フィリシアは首をひねる。

　　──素直だっていわれたのって、素直に喜んで、いいのかな？

　デルタが、ふふっ、と笑うと、

「それはそうと──」

　とラサを指した。

「そこに書いたふたつの数式なんだけれど、それだと、それぞれがなにを記録したものか、わからないわよね？」

「いや、そんなことはない」

　フィリシアはフォリオを見ながら、異を唱える。

「上が長い辺で、下が短い辺だ」

　デルタが肩をすくめた。

「もちろん、今はわかるわよ。測ったばかりだもの。でもね、明日はどうかしら？　1週間後は？　1か月後は？」

「ふむ……明日は覚えてると思うが、さすがに来月は……」

「ヒトの記憶ってね、いろいろと当てにならないものなのよ。覚えたつもりでも、1日たつとかなり忘れているの。まして1週間後、1か月後の自分は、もはや別人だと思っておいたほうがいい」

「ふうむ……」

「たとえば、1週間前や1か月前のお食事の内容、覚えていらっしゃる?」

「……た、たしかに」

「フォリオに書いた記録というのは、別人になった未来の自分への手紙のようなもの。自分がわかるのならどんな書き方をしても構わないのだけれど、明日の自分は他人だと思って、丁寧に記録しておくに越したことはないわね」

「明日の自分は他人、か。なるほど」

デルタは、ふふふ、と笑った。

「いまは騙されたと思って、記録しておいていただける?」

「……そうか」

フィリシアはフォリオに、

横の長さ：22.63 cm − 1.63 cm = 21.00 cm

縦の長さ：20.66 cm − 5.74 cm = 14.92 cm

と、項目を追記した。

「こんな感じであろうか?」

「うーん、まあそうね。とりあえずは、これでいいかな」

「なにやら、心許ないな……」

「すべてを一度に完璧に、なんて無理よ。細かいことは追いおいね」

「ふむ……」

「それに、自分への手紙ですもの、自分なりの書き方を見出さなくてはね」

「……うむ」

デルタが、ぽんぽん、と手を叩いた。

「そんなことより、先に進むわよ」

「そうだ、周の長さであったな。長方形の周の長さは、横と縦を足して2倍すればよいのだから——」

$$長方形の周の長さ：（14.92 \, \text{cm} + 21.00 \, \text{cm}）\times 2$$
$$= 35.92 \, \text{cm} \times 2$$
$$= 71.84 \, \text{cm}$$

「これで、どうだろうか」

　尋ねるフィリシアに、デルタは真剣な表情で訊きかえす。

「明示的に教えていただける？」

「明示的？」

「そう。姫君の思考を詳らかにするためにも、私の憶測を排するためにも、自分の言葉ではっきりと表現していただきたいの。私たちの役割をまっとうするために、重要なことよ」

「なるほど」

　フィリシアは神妙にうなずいて、こたえる。

「では、計算結果は 71.84 cm だ」

　デルタが、微笑みながら眉根をよせた。

「今度はそうきたか……」

「ん？　明示的では、なかっただろうか？」

　慌ててフォリオを見返すフィリシアを、デルタが制した。

「そうではないの。明示的かどうかではなくてね──」

「？」

　顔をあげたフィリシアに、デルタが告げる。

「姫君はいま、計算結果、とおっしゃったの」

「……はい？」

　腑に落ちないフィリシアは、憮然としていい返す。

「71.84 cm というのは、計算をした結果だが？」

「たしかに、計算の結果には違いないのだけれど、それも測定値なのよ」

「え？」

2.4
直接測定と間接測定

「だが――」

　納得がいかないフィリシアは、首をふった。

「ただ計算しただけではないか」

　プラチナブロンドの髪がゆれる。

「そう、計算しただけよね」

　デルタがうなずき、金属板の縁に指を添わせた。

「でも、それも測定なの。いまの場合だと、長方形の長辺の長さと短辺の長さが直接測定で、周の長さが間接測定」

「間接測定？」

「そう。測定したい物理量を直接測るのではなくて、測定したい物理量と関係のある別の物理量を測定して、それらの物理量の関係性から測定したい物理量を間接的に得ることを、間接測定、というの」

「ふむ……直接は測ることができない量を計算で求めても、間接的に測ったと考える、というわけか――直接は召喚できない精霊でも、召喚済みの精霊たちを礎に呼びだすことができる……累次召喚、のようなものか」

「……計算で求めても間接的に測ったと考える、というところはその通りなのだけれど、直接測定が不可能だから間接測定、というわけではないの。じつは、周の長さを直接測ることのできる測定器もあって、それを使えば周の長さも直接測定ができる」

「そうなのか？」

　デルタがうなずいて、つづける。

「測定が可能か不可能か、ではなく、どのような方法で結果を得たのか、なのよ」

「……ふむ」

「たとえば――」

　デルタは天板の金属板を指して、

「その長方形の対角線の長さは、どのくらいかしら」

　と、卓に置かれていた物差しをフィリシアに手渡した。

　物差しを受けとったフィリシアは、金属板の対角線に当ててみる。

　　――あれ？　ちょっと足りない……。

フィリシアは、物差しを対角線上で行ったり来たりさせながら、
「……これでは、届かぬが」
　といって、卓の脇に置かれたデルタの大きな背嚢に、ちらりと目をやった。
「もっと長いものはないのか?」
　デルタが、にこっ、と笑った。
「持ってはいるけれど、それでは駄目よ。あくまでも、その物差しで測る方法を
考えていただきたいの」
「だが、この物差しでは長さが足りぬ──」
　フィリシアを諫めるように、人差し指を立てる。
「本当に、足りないかしら?」
「ふむ……どうしてもこの物差しで、というのであれば、対角線を2回に分けて
測る、とかであろうか?」
「でもその物差しでは、そもそも対角線が引けないのよね」
「う、うむ……」
　フィリシアは、金属板とその上の物差しを、じっと見つめた。
　デルタが覗きこむようにして、問いかける。
「対角線の長さは、どのように求めたかしら」
　フィリシアが顔をあげた。
「ああ、そうか……ピタゴラスだ」
「説明していただける?」
「まず、長方形の横と縦の長さを測り、その値からピタゴラスの定理で斜辺の長
さを求めることができる、ということではないか?」
「そうね」
　デルタがうなずいた。
「表現は十分ではないけれど」
「うう、そうか……そうであろうな」
「おっしゃりたいことは、わかるわよ」
　デルタが金属板に指を沿わせて、辺をなぞりながらつづける。
「ピタゴラスの定理を使うと、直角三角形の底辺と垂辺の長さから斜辺の長さを
求めることができるのよね。だから、底辺と垂辺の長さを測ることができたなら、
その物差しは間接的に斜辺に届いたことになる──ということでしょ」
　と、顔を向けた。
　フィリシアは、うむ、とうなずく。
　デルタが笑顔を返した。

「では、対角線の長さはどのくらいかしら？」

　フィリシアは、物差しを置いてスタイロスを手にとり、

$$\sqrt{(21.00\,\mathrm{cm})^2 + (14.92\,\mathrm{cm})^2} =$$

　と書きはじめるが、すぐにデルタが、姫君？、と声をかけた。

「いきなり数式を書いても、その意味は——」

　はっ、と気づいたフィリシアは、

「皆まで申すな」

　と、慌ててデルタを制した。

「こういうことであろ？」

　というと、数式の上に、

ピタゴラスの定理より，
$$\sqrt{(21.00\,\mathrm{cm})^2 + (14.92\,\mathrm{cm})^2} =$$
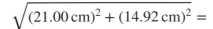

　と書きたす。

　それを見てデルタが、

「そういうこと、ではあるのだけれど——」

　といいながら、背嚢からパステルブルーのラサを取りだした。

　フィリシアの目が釘付けになる。

　　——うわあ、ラサもなんだ♡

　デルタは、パステルブルーのスタイロスを手にとって、図も交えながら説明をはじめる。

「もうすこし、詳しく記述していただきたいの。姫君はいま、ピタゴラスの定理より、と一言で済ませてしまったけれど、そこをもっと具体的に書いて、たとえば、長方形の横の長さを a、縦の長さを b、対角線の長さを c とすると、ピタゴラスの定理 $a^2 + b^2 = c^2$ より $c = \sqrt{a^2 + b^2}$ なので、$a = 21.00\,\mathrm{cm}$、$b = 14.92\,\mathrm{cm}$ を代入して——という感じかしらね」

「ふむ……ずいぶん詳しく書くのだな」

　フィリシアはデルタのラサを覗きこんで、戸惑い気味に尋ねる。

「ピタゴラスの式など、わざわざ書くまでもないのではないか？」

「ちょっとしつこいくらいで、丁度いいの」

　デルタが、にこっ、と微笑みかける。

「あとで読みなおしたときに、思いだすための鉤、つまり、手がかりがたくさんあるほうが、記憶が戻りやすいでしょ」

「なるほど……地下迷路を探索するときに、分岐ごとに残していく目印のようなものか」

　フィリシアは、さっそく自分のラサで真似てみる。

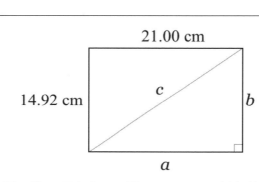

長方形の横の長さを a, 縦の長さを b, 対角線の長さを c とすると, ピタゴラスの定理 $c^2 = a^2 + b^2$ より,

$$c = \sqrt{a^2 + b^2}$$

なので, 対角線の長さ c は,

$$c = \sqrt{(21.00\,\text{cm})^2 + (14.92\,\text{cm})^2}$$
$$=$$

　だが、等号を書いたところで、手が止まった。

2.5
無理数と測定値

「なにか気掛かりなことでも？」

　デルタが尋ねた。

　フィリシアは、ためらいがちに切りだした。

「……対角線の長さをピタゴラスの定理で求めるには、平方根の計算をせねばならぬが」

「そうね。開平が必要ね」

「——平方根を求める方法を、失念してしまったようだ」

　と、うなだれる。

「学んだ覚えはあるのだが、覚えておらぬのだ……」

「あら」

　デルタが頓狂な声をあげた。

「アバクスで計算すればいいじゃない。そのラサにも入ってるわよ」

「えっ？」

　フィリシアは驚いて、顔をあげた。

「使っても、構わぬのか？」

「駄目な理由なんかないわよ」

　デルタがきょとんとしたままうなずいた。

「アバクスのない時代だって、数表や計算尺を使っていたの。手計算で開平なんて、しなくていいのよ」

「そ、そうなのか……修行なのだから、何事も自力でこなさなければならぬものかと……」

　デルタは、ふふふ、と笑った。

「そんなことないわよ。道具の力を頼ったっていい、というか、頼られるために存在するのが道具たちなのだから、使ってあげないと可哀想よね」

「……そういうものなのか」

「そういうものなのよ」

　笑顔でこたえたデルタだが、真顔に戻って、ただね、とつづけた。

「道具が肩代わりしてくれることを自力でもできるようになっておくのは、悪いことではないわね。その方法を知らずに道具にすがるのと、知ってはいるけれど

道具に任せるのとでは、うしろめたさが違うと思わない？」

「なるほど」

「というわけで、開平の方法は、宿題ね」

　フィリシアは、悪戯っぽく目配せするデルタに、うむ、とうなずいて、忘れないようにフォリオに書きとめた。

「それじゃあ、とりあえずいまは、目の前の問題を片付けてしまいましょうか」

　デルタはフィリシアの白いラサに手を伸ばすと、フォリオの横にアバクスを表示させた。

「こうすれば、数値を見ながら計算できるでしょ」

「ふむ」

　フィリシアはさっそくアバクスを使って、21.00 の 2 乗と 14.92 の 2 乗を求め、その和の平方根を求めたが、表示された結果を見たまま、ふたたび手が止まった。

「こんどは、どうなさったの？」

　デルタの問いかけに、考えを巡らせながら口を開く。

「……平方根、ということは、結果は無理数になるわけだな？」

「平方数でなければ、そうなるわね」

「――だがそうすると、無理数の測定は、無理そうではないか？」

　デルタが冷ややかな視線をフィリシアに向ける。

「……あの、姫君？」

「あ、いや、駄洒落ではなくて、だな」

　フィリシアは慌てて首をふった。プラチナブロンドの髪が、わさわさとゆれる。

「無理数ということは、小数の桁が無限にあるわけで、結果が無限小数になるのなら、測定値とはいえぬのではないか、と思ったのだが……」

「ああ、そういうこと」

　デルタは人差し指を金属板に伸ばし、角から角まで斜めになぞった。

「けれど、対角線は実在するわよね」

　フィリシアは、デルタの指先を目でたどりながら、うなずく。

「……うむ」

「実在するのなら、測定することもできるはず」

「それは……直接測定ではそうかもしれぬが、間接測定のときは違うのではないかと……」

「ふうん、そういうこと、か」

　デルタがフィリシアの手をとった。

「大丈夫。姫君のその懸念は、つぎの扉で解消されるはず」

　フィリシアは顔をあげた。

「そうなのか？」

　デルタがうなずく。

「だからいまは、対角線の長さを求めてみていただける？」

「ふむ」

　フィリシアはふたたびラサに向かい、アバクスに表示された計算結果をフォリ
オに引きうつした。

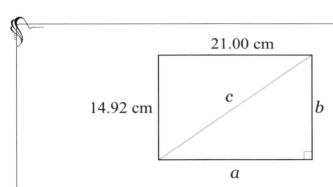

21.00 cm

14.92 cm

c

b

a

長方形の横の長さを a、縦の長さを b、対角線の長さを c
とすると、ピタゴラスの定理 $c^2 = a^2 + b^2$ より、

$$c = \sqrt{a^2 + b^2}$$

なので、対角線の長さ c は、

$$c = \sqrt{(21.00\,\text{cm})^2 + (14.92\,\text{cm})^2}$$
$$= 25.76055900014594\,\text{cm}$$

　フィリシアの手元を見つめていたデルタが、目をすがめながら、そうね、とう
なずく。

「ということで、その物差しでは長さが足りなくて直接測定ができない対角線で
も、間接測定をすることで測定値を得ることができる、ということは、よろしい
かしら？」

「ふむ。まだもやもやは残っておるが、間接測定とはなにかについては、つかめ
たように思う」

「姫君が求めた長方形の周の長さは、単なる計算結果ではなくて、間接測定の測定値、ということは、納得？」

「うむ」

「では、問への答を、扉に尋ねてみましょうか」

　フィリシアは卓をまわり込んで扉の正面に行くと、壁のラサに、

$$71.84 \, cm$$

と書いて、把手を引いた。

　扉は抵抗なく、すっ、と開いた。

「やった」

　ふり返ると、デルタが微笑んでいる。

「おめでとう、姫君。では、先に進むまえに──」

「わかったことを、まとめるのだな」

　フィリシアはデルタの先回りをすると、フォリオを遡りながらふり返っていく。

「まず、直接測定については、物差しは円卓のようなもので、目盛りの位置による優劣はない、ということ。それから、間接測定は、直接は呼びだすことができない精霊を召喚済みの精霊たちを礎に呼びだす、累次召喚のようなもの、ということ。

　つぎに、式を書くときの注意について。従臣たちは属性が同じならば両辺に並びたつことができる──つまり、等号で結ばれる左辺と右辺は次元も同じでなければならぬということと、精霊と従臣の愛に敬意を払い、式の中でも数値と単位は決して離してはならぬ、ということ。

　あとは、フォリオの書き方について。フォリオは他人になった未来の自分への手紙。地下迷路で分岐ごとに残す目印のごとく、丁寧に書いていく、ということ──」

　フォリオから顔をあげて、デルタをうかがう。

「くらい、であろうか」

「細かいことは他にもあるけれど……まあ、いいかな」

　デルタが笑顔で、ぽん、と両手を打った。

「では、先に進むことにしましょう」

†

隔壁の扉が、ぱたり、と閉じた。

壁際に腰をおろし、フィリシアとデルタを描きつづけていたドリューは、ふう、と息をつき、鉛筆を走らせる手をとめた。画帖をぱらぱらとめくり、紙面に捉えられたフィリシアの表情を見直していく。

　　──だいぶ、ほぐれてきたかな。

さらに頁を繰っていくと、峡谷の夕景と入り口の岩壁が現れる。

ドリューは眉間に皺をよせた。

　　──あの落石は、自然なのか、人為なのか……。

断崖の素描を眺めながら、岩の状態を思いうかべる。

　　──自然現象、てことはないよな……風化しているとはいえ、崩れそう
　　　なほどではなかったし、不安定に見える岩塊もなかった。それに、
　　　あの衝撃波……あれは、爆発、だよな……。

両手で、ぱたり、と画帖を閉じる。

　　──爆破だったとして、その瞬間は、姫が入り口をくぐった直後ではな
　　　く、全員が隧道に入ってから、だった……ひとりだけ遅れたぼくも
　　　含めて、全員が入るのを待った、ということか……つまり狙いは、
　　　姫の殺傷ではないし、ぼくらの分断でもない。

顔をあげ、薄暗い隧道内を見回す。

　　──隧道に分岐はない。入り口から出口まで、一本道の密室だ。入り口
　　　付近は、老師たちがおさえてる。ならば、早く出口を確保すべきで
　　　はないか……いやいや、それは悪手だ。それでは姫から離れてしま
　　　う。たとえぼくだけが出られたとしても、そのあとで締めだされて
　　　はまずい……それに、敵の狙いがぼくらの分断ではないのなら、出
　　　口でなにか仕掛けてくるはず。出口の向こうは〈物理の迷宮〉。修
　　　行中の者たちもいるのだから、あからさまな行動はとりにくいだろ
　　　う。やはりここは、姫についているのが最善、かな……。

立ちあがり、明るく照らされた卓に歩みよる。

古びた天板に、真新しい金属板。

天板のくすんだ表面に手のひらを滑らせ、光沢を放つ金属板の縁に指を沿わせる。

「……ふうん」

感心したような声を漏らすと、画帖のまだなにも描かれていない頁をばさりと

開き、すすっと長方形を描いて、物差しで測りとった寸法を書きとめていく。

「やっぱりだ……前に来たときとは、大きさが違ってる」

　鉛筆をさらさらと動かして筆算をすると、

「——なるほどね」

　扉の前まで移動し、壁に埋めこまれたラサに指で、

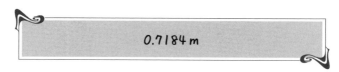

0.7184 m

　と書きいれ、扉の把手を引いた。

3rd door
面積の扉

　フィリシアはデルタと連れだって、第3の隔壁の前までやってきた。

「……代わり映えが、せぬな」

　フィリシアは扉と卓を眺めて、小鼻を膨らませた。

　デルタが苦笑する。

「最後の扉だけはちょっと違っているけれど、あとは同じ設えなのよ」

「これでは、進んでいるという手応えがないではないか」

「それはね——」

　とこたえかけるのを、フィリシアは片手をあげて遮った。

「わかっておる。こうなっているのにはそれなりの訳がある、というのであろ？」

　ため息をついて、卓を覗きこむ。

「いっそのこと、問題も同じにしてくれれば楽なのにな」

　卓の天板には、

先程の長方形の面積を示せ

と文字が刻まれているだけで、金属板も物差しも備えられてない。

「ん……？」

　デルタが、ね、と目配せした。

「なるほど、そういうことか」

　フィリシアは笑顔をつくり、鞄から白いラサを取りだした。

「フォリオに記録してある数値を使え、ということだな」

　デルタが、にこっ、と微笑んだ。

　フィリシアはラサにフォリオを表示させ、白いスタイロスを手に取ると、

「長方形の面積は、縦かける横、だから……」

　とつぶやきながら、

長方形の面積： 14.92 cm × 21.00 cm

と書きこみ、アバクスを表示させて数値を入力しようとしたが、

「あ、待って」

と、デルタに止められた。

「まずは、筆算で求めていただけるかしら」

「なぜだ」

フィリシアが、ぷうっ、とむくれてみせる。

「さきほどは、アバクスを使ってはいけない理由はない、と申しておったではないか」

「もちろん、それはそうなのよ。ただ——」

デルタが人差し指を、ぴっ、と立てた。

「計算結果が無限小数なら測定値とはいえないのではないか、という、先程の姫君の疑問にこたえるためにも、ここでは筆算をしていただきたいの」

「……ふむ」

フィリシアは気乗りしないまま、アバクスの表示を閉じ、スタイロスで筆算をはじめる。

$$
\begin{array}{r}
14.92 \text{ cm} \\
\times\, 21.00 \text{ cm} \\
\hline
0000 \\
0000 \\
1492 \\
2984 \\
\hline
313.3200 \text{ cm}^2
\end{array}
$$

計算を終えると、ふう、とスタイロスを置いて、デルタを見た。

「結果は、313.3200 cm^2、だな」

「では——」

と、デルタが笑顔を返した。

「それを、扉に尋ねてみていただけるかしら」

フィリシアはうなずくと卓をまわり込み、壁に埋めこまれたラサに、

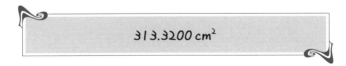

313.3200 cm^2

と書きこんで、扉の把手を引いた。

だが、扉は開かない。

「ん？　計算を間違えただろうか」

「いいえ」

　デルタが首を横にふる。

「計算は合っているわよ」

「ではなぜだ？　今回は 00 も書いたのに……」

「なにか他に、忘れていることはないかしら？」

「他にと申されても、従臣──というか、単位は書いたし」

　フィリシアは、ラサをじっと見つめる。

「……あとは、数字、だろうか？」

「数字の、どのあたり？」

「いや、その……単位ではないのなら数字かな、と思ったまでで……」

「あら、そういうこと。まあ、それはそうなんだけれど」

　デルタはわずかの間、考える素振りを見せてから、ゆっくりと尋ねた。

「最初の扉での、測定値と数直線の話、覚えていらっしゃるかしら？」

「ふむ……」

　フィリシアは頤に指を当て瞼を閉じて、記憶をたどる。

「──現実世界に具現化した精霊は、輪郭がボンヤリしてしまう、ということではなかったかと思うが」

　デルタが笑顔でうなずいた。

「そう、測定値は点ではなく範囲でしか指定できない、ということね。で、いまの問（もん）では、あつかう測定値がふたつになったけれど、それぞれの測定値については同じ理屈よね」

「うむ」

「それから、それぞれの辺の長さを求めたのは直接測定で、そこから面積を求めたのは間接測定、ということも、よろしい？」

　フィリシアはうなずいた。

「そうだな。面積は、横の長さと縦の長さとして召喚された精霊たちを礎に累次召喚された精霊、ということになるな」

「だとしたら──」

　デルタがフィリシアに笑顔を向けた。

「間接測定の結果にも、曖昧さがあるのではないかしら？」

　と誘うように尋ねて、フィリシアのラサにパステルブルーのスタイロスで数直線が直交する図を描いた。

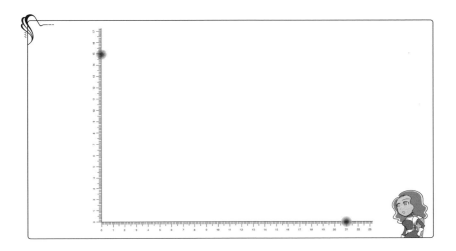

　フィリシアはしばらくその図を見つめて、
「……ああ、なるほど。掛け算の結果も、ボンヤリになるのか」
　と、独り言のようにつぶやいた。
　デルタがラサを指して促す。
「説明していただける？」
「ふむ……」
　フィリシアは、デルタが描いた座標軸に図を描きたした。
「このように——」

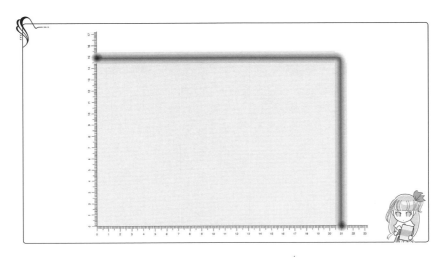

「長方形の面積にもボンヤリな部分があるのでは、と思ったのだが……」

「そうね」

　デルタがうなずいて、つづける。

「ではその状況を、どうやって数値に反映させようかしら？」

3.2 数値の曖昧さと 数直線

「数値に、反映？」

　フィリシアが訊きかえすと、デルタはうなずいて数直線上の黒丸を指した。

「直接測定のときは、数値の曖昧さを考慮することで、測定器の感度を測定値に反映させたわよね」

「うむ」

「だとしたら、間接測定の測定値にも、その影響がおよぶのではないかしら？」

　と、掛け算の結果を示す図を指す。

「……そう、だな」

　フィリシアは、はっ、と顔をあげた。

「習慣を省き、常識を疑い、当然を怪しみ……掛け算の結果も、そのままではない、ということか」

　デルタが頬を緩める。

「説明していただける？」

「ふむ……つまり、累次召喚された精霊には、その礎となった精霊たちのボンヤリ具合が継承されるのではないか？　たとえば……21.00 cm は、20.09 cm でもないし、21.01 cm でもないのだから、この――」

　とフィリシアは、筆算の 21.00 cm の 0 と、14.92 cm の 2 にぼかしをかけた。

「0 と 2 のところがボンヤリしてる、ということで――」

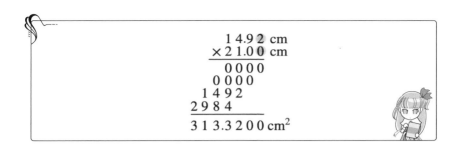

$$
\begin{array}{r}
14.9\mathbf{2}\ \text{cm} \\
\times\,21.0\mathbf{0}\ \text{cm} \\
\hline
0000 \\
0000 \\
1492 \\
2984 \\
\hline
313.3200\ \text{cm}^2
\end{array}
$$

　そこで口元に指を添え、しばらく考えてから、ふたたび口を開いた。
「その前に確認しておきたいのだが、ボンヤリ数字とボンヤリ数字を掛けた結果
は、ボンヤリ数字で、よいのだな？」
　デルタが、
「そうね」
　とうなずくのを待って、フィリシアは、
「だとすると──」
　と、本題を切りだした。
「ボンヤリ数字にクッキリ数字を掛けると、どうなるのだろうか？」
「それは、たとえば」
　デルタはラサを手元に引きよせると、フィリシアが描いた長方形の一辺を直線
に描きなおした。
「こういうことかしら」

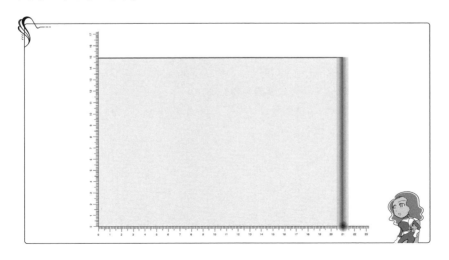

「なるほど、そうか──」

　フィリシアは、ラサにしだれかかる髪を耳にかけながら、図をじっと見つめた。

「ボンヤリ数字にクッキリ数字を掛けても、結果はボンヤリ、ということか……」

　とつぶやくと、さきほどぼかしをかけた 21.00 cm の 0 と、14.92 cm の 2 が掛かっ
ている数字にも、ぼかしを入れていく。

$$
\begin{array}{r}
14.92 \text{ cm} \\
\times\, 21.00 \text{ cm} \\
\hline
0000 \\
0000 \\
1492 \\
2984 \\
\hline
313.3200 \text{ cm}^2
\end{array}
$$

「……こんな感じ、だろうか」

「そうね」

　デルタはうなずいて、

「そうすると、長方形の面積の測定値は、どうなるかしらね」

　と問いかけた。

「そう、だな……313.3200 cm² の、3 と 2 と 0 と 0 がボンヤリ、ということなの
だから……うーん」

　フィリシアはラサを見つめたまま、首をかしげた。

　デルタが、それとなく水を向ける。

「さきほど数値を考えたときは、数直線を使ったわよね？」

　フィリシアは顔をあげ、デルタを見た。

「数直線……ああ、なるほど」

　そしてフォリオに拡大した数直線を描くと、

「3 は十分の一の桁で、2 は百分の一の桁だから──」

　とつぶやきながら、黒丸を加えていく。

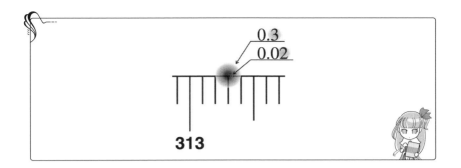

「1桁下がるということは、大きさが 1/10 になるわけだから、十分の一の桁がボンヤリしているなら、それよりも下の桁のボンヤリ具合はそれには敵わぬ、ということか……」

「すると、結果は？」

デルタが笑顔で訊いた。

フィリシアは、拡大した数直線を見ながら、

「……313.3、だろうか？」

と小声でこたえる。

「あら、自信がないの？」

デルタの問いかけにこたえるかわりに、フィリシアは筆算を指した。

「こちらを見ると、313 のようにも、思えるのだが……」

「それは、どうして？」

「ふむ……つまり、十分の一の桁の 3 はボンヤリしているのだから、確実な数値は 313 ではないか、と」

顔をあげたフィリシアに、デルタが首をかしげながら、

「そうかしら？」

と、背嚢から取りだした物差しを手渡す。

「長さを測ったときのことを思いだしてみて。たとえば、14.92 cm というのは、どのくらいの曖昧さを含んでいたかしら」

「そうだな――」

フィリシアはデルタから物差しを受けとり、目盛りを見ながらこたえる。

「14.92 cm ということは、召喚条件が 0.01 cm ということだから、14.91 cm より大きく、14.93 cm より小さいということ……」

そこまでいったところでフィリシアは、はっ、と気がつき、ラサに目を戻した。

「そうか！　現出した精霊は輪郭がボンヤリしているのか。数値の一番小さな桁

は、ボンヤリで構わぬのだな。掛け算の結果は 313.3200 だが、3200 のところに
ボンヤリがあって、だが、下の桁のボンヤリは上の桁のボンヤリには敵わないか
ら、ボンヤリの中で一番大きな桁を残すと……313.3、ということか」

　と、デルタの顔色をうかがう。

「納得いただけたかしら」

　デルタが微笑む。

「ふむ——あ、いや」

　いちど笑顔を返したフィリシアだったが、ふたたび表情を曇らせた。

3.3 科学的記数法

　デルタが柔らかい眼差しを向ける。

「まだなにか、腑に落ちない?」

　遠慮がちにうなずいたフィリシアは、

「縦と横の長さを測った物差しの感度は、0.01 cm、でよいのだな?」

　と確認した。

「そうね」

　うなずくデルタに、フィリシアは念を押す。

「ということは、直接測定をした 14.92 cm という値には、小数第 2 位のところ
にボンヤリがある、ということだな?」

「うーん。まあ、そうかな」

　デルタは、ためらい気味に同意した。

「だとすると——」

　フィリシアは筆算を指した。

「小数第 2 位のところにボンヤリがある直接測定の値を使って計算した間接測定
の結果も、やはり小数第 2 位のところにボンヤリがあるのではないのか?」

「ああ、そのことね」

　デルタは口角をあげ、ぴっ、と人差し指を立てた。

「大切なのは、数値の大きさに対してどの程度の曖昧さがあるか、ということ。
小数点は関係ないの」

　フィリシアは首をひねった。

「……よく、わからぬのだが」

「小数点は、動くのよ」

「動く？」

「そう。たとえば——」

　と、フィリシアが書いた筆算の、14.92 cm、を指す。

「この量の単位を mm で表すと、どうなるかしら？」

「…… 149.2 mm」

「では、m で表すと？」

「…… 0.1492 m」

　デルタが、ね、と目配せする。

「動くでしょ？」

「ふむ——小数点が動くことは承知したが……それと数値のボンヤリに、どのような関係が……」

「そうねぇ」

　デルタはしばらく腕組みをしてから、フィリシアのラサを引きよせ、

「いまは、m の前に c がついているけれど、接頭語なしで表したほうが、見通しがよくなるかもしれないわね……」

　とつぶやきながら、書きなおした。

$$1.492 \times 10^{-1} \text{ m}$$
$$\times 2.100 \times 10^{-1} \text{ m}$$
$$\underline{\begin{array}{r} 0000 \\ 0000 \\ 1492 \\ 2984 \end{array}}$$
$$3.133200 \times 10^{-2} \text{ m}^2$$

「これで、いかがかしら」

　ラサを受けとったフィリシアは、なるほど、と声をもらした。

「たしかに、掛け算の前と後で、ボンヤリが同じ桁にある……」

「直接測定の曖昧さが間接測定の曖昧さに反映する様子は、納得いただけた？」

「そうだな。このように書くと、数値の大きさに対する曖昧さの程度、という意味が、わかりやすい」

「こういうふうに、数値を小数と 10 の冪の積で表す方法を、数値の科学的記法、とか、科学的記数法、といったりするの」

「科学的記数法……」

「そう。で、小数の部分を仮数部、10 の冪の部分を指数部と呼ぶ。ちなみに、10 は基数」

「ふむ」

「科学的記数法では、仮数部が 1 以上で 10 未満になるように指数を選ぶのが、物理使いの流儀。こういう操作のことを、正規化、というの」

「……1 以上で 10 未満、ということは、小数点の左側には 1 から 9 までの数字のどれかがくるようにする、ということだろうか」

「そういうことね。たとえばいまの面積だと、31.33×10^{-3} でも 0.3133×10^{-1} でもなく、3.133×10^{-2} と書く、ということ。じつは、正規化には流派がいくつかあるのだけれど、物理使いはとくに理由がなければ、仮数部が 1 以上で 10 未満になるように指数を選ぶわね」

「なるほど」

「まずは、数値の桁を指数で表す物理使いの作法を身につけていただきたいの」

「うむ——外見に惑わされることなく、精霊の個性を見極める眼力をもて、ということだな」

　デルタが小さくうなずき、

「そして」

　と、筆算の結果を指した。

3.4
有効数字

「測定値などを表す仮数部の数値を、有効数字、というの」

「有効、数字？」

　訊きかえすフィリシアに、デルタがうなずいた。

「有意な数字、とか、重要な数字、という意味ね」

「ふむ……」

「有効数字は、いま考えているような、測定結果の曖昧さを考慮した数値。末位にはかならず、曖昧さが含まれるの」

「それはつまり、一番小さい桁がボンヤリしている、ということか」

「まあそういうこと。で、桁数が多いほど、数値の大きさに対して曖昧さは小さ

くなるでしょう。だから、有効数字の曖昧さの程度を桁数で表すことがあるの」

「……桁数で表す、とは？」

「たとえばこの金属板の短辺の長さ、1.492×10^{-1} m なら、有効数字の桁数は4桁、という具合に、仮数部の桁数を数えるのよ。小数点とは無関係にね」

「ああ、なるほど。全部で何桁あるのかが、有効数字の桁数、というわけか」

「まあ、そうかな」

「だが……桁数で数値の曖昧さを表す、とは、どういうことだ？」

「そうねえ。たとえば、物差しで長さを測定するときのことを思いだしてみて。一番大きな上の桁の目盛りから読みはじめて、1桁ずつ下の桁、つまり細かい目盛りを読んでいって、最小目盛りの1/10になったら終える、という手順よね。ということは、桁が増えるごとに、曖昧さは1/10になっていく」

「……ふむ」

「間接測定でも同じこと。筆算で積を求めるときは下の桁から計算を開始する習慣なのでちょっと実感がわかないかもしれないけれど、たとえば上の桁から計算を開始するなら、確実に値が定まっている大きな数からはじめて、曖昧さを含む数同士になったら終える、という手順になるので、自然なことだと思わない？」

「……なるほど」

フィリシアが顔をあげると、デルタの翠の瞳と目が合った。

「納得は、できたかしら」

「うむ、そうだな。意図はつかめた、と思う」

デルタが、ぽん、と両手を打ちあわせた。

「では、以上のことを踏まえて、ここでの問の結果をまとめていただけるかしら」

と、フィリシアを促す。

「うむ」

フィリシアはフォリオを遡り、長方形の面積を求めた数式を表示させたが、

「ああ、そうか──」

とつぶやくと、戸惑ったようにデルタに尋ねる。

「このときは cm で書いたのだが、やはり m を使って、その、科学的記数法、とやらで書いたほうがよいのだろうか？」

デルタが笑顔で、

「そうね。さまざまな表現ができるようになっていただきたいけれど──」

と、数式の下の余白を指す。

「まずは、この空いているところに、科学的記数法で書いてみましょうか」

フィリシアは、ふむ、とうなずいた。

「なるほど。余裕をもって書いておくと、このようにあとからつけ加えることもできるのだな」

　デルタが、ぺろ、と舌を出して、

「追記するときは本来なら、日付を書いたり色を変えたりして、追記したことがわかるようにするのだけれど、ね」

　と、片目をつむった。

　一瞬、きょとん、としたフィリシアだが、

「なるほど。これで共犯、というわけだ」

　と、片目をつぶってデルタに笑いかけると、スタイロスを手に取って式を書きくわえた。

$$長方形の面積：\quad 14.92\,\text{cm} \times 21.00\,\text{cm}$$
$$= 1.492 \times 10^{-1}\,\text{m} \times 21.00 \times 10^{-1}\,\text{m}$$
$$\fallingdotseq 3.133 \times 10^{-2}\,\text{m}^2$$

「そうか──」

　ふり向くと、デルタの表情が曇っている。

「そうなるわけね……」

　フィリシアは、眉をよせた。

「……なにか、まずかっただろうか？」

「まずい、というか……ええと、ね」

　とデルタが数式の「≒」を指した。

「この記号は、なにかしら？」

　フィリシアは戸惑い気味に、

「それは、約、だが」

　と、こたえる。

「そうなんだけど……ここでこの、約、という記号を使おうと思ったのは、なぜか、という質問」

「それは、掛け算の計算結果の一部を切ってしまったので、正確ではないと思ったから……」

「そうよね──」

　考えを巡らせるような表情を見せたデルタが、おもむろに口を開いた。

「等号の意味は、覚えてる？」

　フィリシアは訝りながら、うなずく。

「左辺と右辺が同じ、だ」

「うーん……同じなのはなにか、というか、第2の扉でも──」

「あ、そうか！」

　フィリシアはデルタを遮って、フォリオを遡る。

「なにが同じなのかは、その数式が表しているものによる、ということであったはずだ」

「そうそう」

　デルタがうなずく。

「だとすると、いま考えているような面積を求める数式での、等号の意味は？」

　フィリシアはフォリオを見ながらこたえる。

「左辺の精霊を掛けた結果と右辺の累次召喚された精霊が同じ、ということと、従臣……というか、属性が同じ、ということ、ではないか？」

「うーん、やっぱりそこなのよね……同じ、とは、どういうことかしら」

「どういうことか、と問われても、同じは同じ、としか……」

　と、首をひねる。

「そうよね……」

　デルタも顎に手を当て、無言でラサを見つめていたが、

「そうよね！」

　と、ウエーブのかかったアッシュの髪をふりながら、勢いよく顔をあげた。

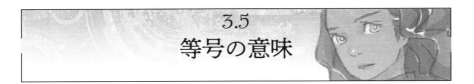

3.5
等号の意味

　デルタがフィリシアに向きなおって、訊く。

「測定値の末位にはかならず曖昧さ──姫君がおっしゃるところの、ボンヤリ、が含まれている、ということについては、よろしいかしら」

　フィリシアは、こく、と首を縦にふった。

「うむ、それについては領解した」

　デルタが念を押すようにつづける。

「では、有効数字の桁数が測定の精密さの程度を表す、ということは？」

「それも、領解だ」

「それが直接測定の結果だけではなく、間接測定の結果についてもいえる、とい

うことについても？」
「うむ」
　翠の瞳が、フィリシアを覗きむ。
「それなら、左辺と右辺が同じ、ということは──」
「……そうか！」
　フィリシアはフォリオに目を落とし、自分で書いた式をたどる。
「両辺のボンヤリ具合も、同じでなければならぬ、ということだ」
「説明していただける？」
　デルタが嬉しそうに訊いた。
　フィリシアは言葉を探しながら、説明をはじめる。
「ふつうに掛け算をすると桁数が増えるときでも、精霊のボンヤリ──有効数字、
を考えると、掛け算の結果は、掛け算をする前の桁数と同じになる。ということ
は、左辺と右辺のボンヤリ具合、つまり、数値の曖昧さも同じになる、というこ
とではないだろうか。なので、面積……というか、測定値を計算するときの等号
の意味は、左辺と右辺で有効数字の桁数が同じに……ああ、わかった。累次召喚
された精霊のボンヤリ具合は、元の精霊のボンヤリを継承するからか──」
　と、フォリオに書いてあった「≒」を消そうとする。
　そのときデルタが、あっ、と声をあげた。
「消さないで！」
　慌てて制止する。
「ん？　なぜだ」
　フィリシアは顔をあげた。
「このままでは、間違いなのであろ？」
「フォリオに書いたものは、消してはいけないの。誤りを訂正するときは──」
　といいながら、デルタが空中に指で線を描く仕草をする。
「消し線を引いて、正しい内容を追記するの。詰めて書かずに余裕をもたせたほ
うがよいというのは、そのためでもあるの」
「……だが、間違っているとわかっているものを残しておくのは、気分がよくな
い──というか、落ちつかぬのだが」
　釈然としないフィリシアに、デルタが優しい口調で諭す。
「誤りや間違いも含めて記録しておくこと。これも、物理使いの作法のひとつ」
「間違いも、記録するのか？」
「そう。フォリオは行動と思考の記録。どのような行動をして、なにを思考した
のかを、追跡できるようにしておくことが大事なの」

「……ふむ」

「とくに行動の記録は大切よ。行動を記録することは、根拠となる事実をおさえる最初の一歩だから。消してしまうと、内容だけでなく、それを書いたという事実も、記録から消えてしまうことになるでしょう」

「事実も消えてしまう、か……なるほど。迷路で分岐をどう間違えたかを消さずにおけば、試行錯誤も糧となる、ということだな」

「そう、かな。たとえそれが自分にとって不都合な事実だったとしても、決してなかったことにはしないのが、物理使いの心意気」

フィリシアは、

「承知した」

とうなずくと、フォリオに書かれている「≒」に消し線を引き、その下に「＝」を書きくわえた。

$$長方形の面積：\quad 14.92\ \text{cm} \times 21.00\ \text{cm}$$
$$= 1.492 \times 10^{-1}\,\text{m} \times 21.00 \times 10^{-1}\,\text{m}$$
$$\neq 3.133 \times 10^{-2}\,\text{m}^2$$
$$=$$

「訂正した理由を、説明していただける？」

フォリオを指して求めるデルタに、フィリシアは頬を膨らませる。

「おぬしが、物理使いの心意気だと申すからではないか」

デルタは涼しい顔で、あら、と返した。

「聞かせていただきたいのは心意気のことではなくて、等号に修正した根拠なのだけれど」

「えっ？」

——あ、そうか。

フィリシアは耳が熱くなるのを感じて、目を伏せた。冷や汗をかきながら説明をはじめる。

「そうだな……長方形の面積は累次召喚された精霊——つまり、間接測定の測定値なので、ボンヤリ具合まで含めて、礎となった精霊——それぞれの直接測定の測定値と、同じでなければならぬ。ゆえに、$\underset{約}{≒}$ ではなく、$\underset{等しい}{＝}$ でなければならぬ、ということだと、思うが」

「そうね」

デルタが満足そうにうなずいた。

「測定値を含む数式の等号は、有効数字を考慮した上で等しい、つまり、曖昧さ

の程度まで含めて等しい、ということね。さきほど姫君は、計算結果の一部を切っ
た、とおっしゃったけれど、計算は数学世界の規則で遂行されるだけで、その結
果が現実世界の測定値というわけではないの。現実世界と数学世界を等号で結ぶ
ことはできない。切ったのではなく、もともと意味のない数字だった、というこ
とね。先程の、対角線についての姫君の疑問へのこたえも、こういうこと」

「なるほど……召喚時に覗かせる姿は幻、ということか」

　フィリシアは、惑わされないように注意、とフォリオに書きこんだ。

3.6
演算と
有効数字の桁数

「ところで──」

　フィリシアは顔をあげて、デルタを見た。

「アバクスで計算するときには、どうすればよいのだ？　筆算なら、どの桁がボ
ンヤリしているのか一目でわかるが、アバクスだとわからないと思うのだが」

　デルタは、ふふふ、と笑った。

「そうね、アバクスは数学世界の規則で計算した結果しか表示しないから、曖昧
さのある数字とそうではない数字の区別は、つかないわね」

「だがそれでは、異世界での姿に惑わされる──有効数字の桁数がわからぬでは
ないか」

「そういうときは」

　デルタが、ぴっ、と人差し指を立てた。

「積や商なら、乗算や除算に用いた数値の桁数に合わせておけば、とりあえずは
安心」

「とりあえず？」

　フィリシアは思わず訊きかえした。

「そのようにいい加減なことで、構わぬのか？」

「あら、いい加減ではないのよ」

　デルタが反論する。

「積や商の桁数は、乗算や除算に用いた数値の桁数に合わせておけば、少なくと
も曖昧さを本来よりも小さく見積もってしまうことはない、という意味」

「ふうむ……」

「異なる物理量を組み合わせた間接測定では、数値の曖昧さが直接測定の曖昧さ
より小さくなることはないの」
「ふむ」
「そのことを理解していれば、計算のたびに曖昧さを確認しなくても、間接測定
の曖昧さの程度を見誤ることはない、ということね」
「なるほど……だが、そのようにいい加減、ではなくて——粗っぽい感じでも、
差し支えはないのか？　物理使いはケチだと申したではないか。物理量の測定は
限界まで精密に、と考えるのが物理使いではないのか」
　デルタは、嬉しそうにうなずいた。
「姫君の懸念はごもっとも。測定値を厳密にあつかうのなら、統計的な手法によっ
て、不確かさ、という指標で曖昧さを表現することになるの。けれど、いま姫君
に理解していただきたいのは、測定値には曖昧さがある、ということ。そして、
その曖昧さの程度を有効数字で表現する、ということ」
「うむ。それは、領解しておるが……」
　フィリシアは唇に指を添えたまま、考えこむ。
「まだ腑に落ちない？」
「……間接測定のボンヤリが、直接測定のボンヤリより小さくなることがないの
だとすると……計算をするたびにボンヤリが増えていって……複雑な計算をする
と、ボンヤリが途方もなく大きくなってしまいそうに思うが……ボンヤリを減ら
す方法は、ないのだろうか？」
　デルタが、ぱちくりとした目をすぐに細めて、
「あるわよ」
　とこたえた。
「数値の曖昧さを減らすには、同じ物理量を複数回測定すればいいの。けれど、
これもさきほどの不確かさと同様、統計的手法を使うので、いまはまだ気になさ
らなくて構わないわ」
「ふむ」
「ただ、知っておいていただきたいのは、数値の曖昧さを減らすのは簡単ではな
い、ということ。有効数字を１桁増やす、つまり、曖昧さを1/10にするには、
測定の回数を10倍ではなく100倍に増やさなければならないの」
「１桁で、100倍……」
「有効数字の桁数を増やすのは大変なの。桁数の多い測定値というのは、ただそ
れだけで、ただごとではない」
「ふむ」

「だけど、減らすのは簡単。注意しなければならないのは、有効数字の桁数が極端に減る場合ね」

「極端に減る？　桁数は元の数値に合わせておけばとりあえずは安心、なのではなかったのか？」

「それは、積や商の話。条件を聞きのがさないように注意しなくては駄目よ」

「……う、うむ」

「有効数字の桁数が極端に減るのは、近い値同士の差をとる場合。たとえば、14.92 cm から 14.91 cm を引くと、どうなるかしら？」

「0.01 cm」

「科学的記数法でいうと？」

「…… 1×10^{-2} cm」

「有効数字の桁数が、4 桁から 1 桁になったでしょう？」

「ふむ……」

「これを、桁落ち、というの。ここまで極端な桁落ちが起きることはまずない、というか、こういうことが起きないように、測定を計画しなければならないの。近い値を引いたり、引き算をくり返したり、という測定は、避けたほうが無難、ということね」

　フィリシアは訊こうか訊くまいか迷ったが、意を決して、

「念のため確認しておきたいのだが——」

　と切りだした。

「0.01 cm には 0 がふたつあるのに、1.00×10^{-2} cm にはならぬのは——」

「それは、筆算してみればわかるのでは？」

　即答するデルタがまだいいおえる前に、フィリシアの口から、あっ、と声が漏れた。

　　——そうか、1 がボンヤリしてるんだから、それより小さい桁の数字に
　　　　意味はないのか……だと、すると。

　フィリシアはデルタに向きなおって、

「和の場合は、どうなるのだ？」

　と訊いた。

「たとえば、5 足す 5 は 10 で、1 桁増えるのではないか？」

「そうね。けれど、増えているのは桁数だけかしら？」

「……そう、か」

　　——桁数が増えるだけじゃなくて、ボンヤリも増えるんだ。

　デルタは、フィリシアの思考を見透かしているかのように、

「それはたとえば、1 を 10 回足すとどうなるか、を考えてみれば、わかるわよね」
　と微笑みかけると、それより、とつづけた。
「和の場合は、近い値同士よりも、極端に大きさの異なる値のほうが、注意が必要ね。たとえば、14.92 cm に、0.001 cm を足すと、どうなるかしら？」
「14.921 cm――」
　問いただすように、フィリシアを見つめる。
　フィリシアは、はっ、と気づいて、
「ではなくて、14.92 の 2 がボンヤリしているのだから、そこに 0.001 を足しても、ボンヤリにまぎれてしまう、ということか」
　と、デルタを見つめ返した。
「そういうことね」
　デルタが頬を緩めた。
「だから、極端に大きさの異なる値の和が起きないように――」
　フィリシアも、口元を緩めた。
「測定を計画せねばならぬ、ということだな」

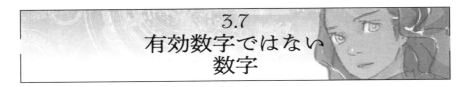

3.7
有効数字ではない
数字

　――あれっ？
　フィリシアは、ばっ、とラサに覆いかぶさると、慌ただしくフォリオを遡りはじめた。
「えっ、どうしたの？」
　デルタが上擦った声で尋ねるのも、前髪が顔にかかるのも気にかけず、繰りつづける。
　――たしか、あのときは……。
「あった！」
「……なに、が？」
「さきほど周を求めたとき、縦と横の長さの和に、2 を掛けたであろう？」
　といって、フォリオに書いた式の「2」を囲むように丸を描き、
「2 は 1 桁なのだから、この掛け算の結果は――」
　と「71.84」に線を引いた。

$$長方形の周の長さ：（14.92 \text{ cm} + 21.00 \text{ cm}）× ②$$
$$= 35.92 \text{ cm} × 2$$
$$= \underline{71.84} \text{ cm}$$

「4 桁ではなく、1 桁になるのではないか？」

「あら、それなら……」

　デルタは表情を和らげ、フィリシアが描いた丸を指した。

「たしかに、この 2 という数字は、1 桁しかないわよね」

　そして、フィリシアを覗きこむようにして、

「でもその 2 は、測定値かしら？」

　と訊いた。

「ん……？」

「縦の長さと横の長さの和に、2 を掛けた理由は？」

「それは、縦と横を足しただけでは、周の半分にしかならぬのだから、2 倍にするため……」

　フィリシアは、はっ、と顔をあげた。デルタが、ね、と目配せする。

「そうか！ すべてが、召喚され具現化した精霊、というわけではないのだな。この 2 は、2 倍するという意味だから、ボンヤリのない……クッキリした数字、ということか」

「似たような状況は、半径から円周や球の表面積を求めるときにもあるわよね」

「なるほど……」

「納得した？」

「……ふむ」

「なにか、気になることでも？」

　励ますような口調で問いかけるデルタに、フィリシアは、うむ、とうなずいた。

「式の中の数字が有効数字とは限らない、ということは承知したが……その、クッキリした数字に、名前はないのだろうか」

「え？」

「ボンヤリのある数字を有効数字というのならば、クッキリした数字は、無効数字、といったりはせぬのか？」

「ああ、そういうこと――そうね、無効数字とは、いわないかな」

　デルタは探るように視線を走らせてから、

「不確かさのない数値は、係数であることが多いけれど、ごめんなさい、名前が
ついているかどうかは知らない」

　と、釈明した。

「そうか……」

「でも重要なのは、名前を覚えることではなくて、有効数字なのかそうではない
のかを判断できること。しっかり区別できるように、ならなくてはね」

「うむ」

　うなずいたフィリシアは、くす、と笑みをこぼした。

「デルタにも、知らぬことがあるのだな」

「あら」

　デルタは目を大きく見開いた。

「当たり前じゃない。知らないことだらけよ」

「そう、なのか？」

「そうよ」

　と腰に両手を当てる。

「でもね、大切なのは、自分が知らないことを知っている、ということ。知れば
知るほど、自分がいかに知らないかに気付かされるものよ」

「ふむ……」

「だからね姫君。わからないことは、遠慮せずに訊いてね」

「だが、尋ねても教えてはくれぬのであろ？」

　斜に構えるフィリシアに、デルタが、ふふふ、と笑いかけた。

「ええ、もちろん教えないわよ。でも、勉強にはなる。姫君にとっても、私にとっ
ても」

「なるほど、な」

　フィリシアはデルタと笑みを交わした。

「では──」

　と、デルタが切りだす。

「問への答を、扉に尋ねてみましょうか」

　フィリシアは、うむ、とうなずくと扉の正面にまわり込み、壁に埋めこまれた
ラサに、

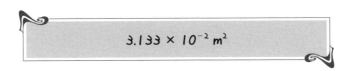

$$3.133 \times 10^{-2}\ m^2$$

と書きこんだ。
　把手に手をかけ、ゆっくりと引く。
　扉は、滑らかに開いた。
「よし」
　フィリシアはデルタに笑顔を向け、
「では、まとめだな」
　と、卓上に置いてあるラサを取りあげた。
「まず、精霊のボンヤリ、についてだ。累次召喚された精霊——間接測定の数値
には、礎となる精霊たちのボンヤリ具合——直接測定の有効数字の桁数が継承さ
れる。その際、召喚時に覗かせる異世界での姿に惑わされてはならない。惑わさ
れることなく精霊の個性を見極めるために、指数で表す科学的記数法を用いる。
累次召喚された精霊のボンヤリ具合は、積や商なら、元の桁数と同じにしておけ
ばよいが、和や差はその都度検討せねばならない。
　つぎに、具現化した精霊ではない数についてだ。係数のように輪郭がクッキリ
した数字ならば、有効数字の桁数とは関係ない。
　それから、等号についてだ。等号で結ばれた両辺は、大きさや属性だけでなく、
世界も同じでなければならず、現実世界についての式ならば、ボンヤリ具合まで
同じでなければならない。
　そして、迷路の分岐での間違いは消さずにおくことで、試行錯誤も糧となる。
不都合な事実であっても決してなかったことにせぬのが、物理使いの心意気だ」
　フィリシアは一気にまとめると、デルタをまっすぐに見た。
「姫君の疑問は、解消されたかしら」
「うむ、そうだな——」
　目を落とし、フォリオの表示を遡る。
「異世界での姿は無理数ではあっても、現実世界に召喚されると、具現化した姿
の輪郭はボンヤリし、桁数が限られる、ということだな」
「はい、よろしい」
「……それにしても」
　とラサに目を落として、うつむいたまま顔を赤らめた。
「いま見ると、この対角線の値は、ちょっと恥ずかしいな」
「あら、気になさることないわよ。知らなかっただけだもの」
　デルタが微笑み、人差し指を立てた。
「ひとつだけ、追加の説明があるの」
「うむ？」

「さきほど触れた、測定の不確かさ、について。測定値にはかならず曖昧さがある、ということは、有効数字の話で理解できたと思うのだけれど、その曖昧さの程度を示す指標が、不確かさ」

「ふむ」

「伝統的には、測定値は正しい値——真値に、そこからのずれ——誤差、が加わったもの、と扱われてきたの」

「ああ、そういえば、誤差、というのは、聞いたことがあるな」

デルタがうなずいてつづける。

「けれど、正しい値がわからないから測定をするのに、測定値にはかならず曖昧さがあるのだから、どれだけ測定をくり返しても、結局のところ、いつまでたっても真値はわからない。真値がわからなければ、誤差もわからないことになる」

「……なるほど」

フィリシアは、デルタの話を聞きながら、フォリオに書きとめていく。

「そこで誤差ではなく、測定値のばらつきを表す数値で、測定値の曖昧さを示すようになってきたの。それが、不確かさ。本来は、測定値には不確かさも一緒に示さなければならい。ここでは詳しい話はしないけれど、測定値には不確かさが伴う、ということは、知っておいていただきたいの」

「うむ」

フィリシアがフォリオから顔をあげてうなずくと、デルタは笑顔で、ぽん、と両手を合わせた。

「では、次の扉に進むとしましょう」

✝

扉が閉じるのを待ってから、ドリューは卓の前に立った。天板に刻まれている文字を指でなぞり、ふっ、と口元を緩める。

「やっぱり、この問題は変えないんだ」

　　——嫌味ったらしいというか、説教くさいというか……これ1問で、さまざまなことを伝えようとする、欲張りな問題。まったく、作問者のしたり顔が目に浮かぶ。まあ、意図はわかるけど……。

閉じた扉に、目を向ける。

　　——こういう尊大なやり口って、ひどく嫌ってたよね、フレアは。

ふふっ、と笑みが漏れる。

頬を掻きながら視線を戻し、画帖を開いた。

──まあこういう手練も、伝統、なんだろうな。

一枚一枚、頁をめくっていき、

　　──麗しき伝統が継承されている一方で……悪しき確執もまた、連鎖し
　　ていく……。

長方形まで遡ったところで、鉛筆を取りだした。

　　──あの落石の原因が、身内にあるとは思わないけど……実際あれは、
　　他国による諜報活動の一環、とみるのが妥当だろう……けれど、派
　　閥や門閥の争いは、社会の理。そういう騒動とは一線を画す老師が
　　指導者として選ばれているということからして、すでに騒動に巻き
　　こまれているといえなくもない。

周の長さを求めた計算の余白に、あらためて面積の式を書き、計算を進める。

　　──それに、政治的に中立だからといって、敵がいないということには
　　ならないし。老師と主流派との確執は、国の誰もが知っている……
　　いや、確執というより、主流派の一方的な嫌悪、かな。老師の独特
　　な思想や奇抜な行動を、快く思わない者は多い。ご本人はそんなこ
　　と、気にもかけていないのだろうけど……でも、フレアの──姫の
　　指導者として選ばれたことそのものに、なんらかの意図が働いてい
　　るのだとしたら……。

ドリューは計算を終えると、壁に埋めこまれたラサに、

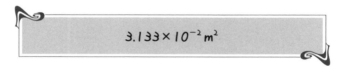

$$3.133 \times 10^{-2}\,\mathrm{m}^2$$

と書きこみ、扉の把手を引いた。

　　──ここまではそれなりに順調に進んできたけど、用心しとくにこした
　　こと、ないよな……。

4th door
密度の扉

物理量の定義

　第3の扉を抜けたフィリシアとデルタは、天井に点々と灯る淡い照明の下を、肩を並べて歩いていた。

「量の扱いには、もう慣れた？」

　唐突に、デルタが問いかけた。

「そうだな」

　フィリシアは、交互に踏みだす足先に視線を落としたまま、こたえる。

「慣れたかどうかはわからぬが、心意はつかめた気がする」

「しんい？」

　デルタが、訊きかえす。

「うむ。うまくはいえぬのだが……精神というか、魂というか」

「ああ、そちらの意味か」

　フィリシアはうなずくと、デルタに向かって、

「物理使いに、悪人はおらぬのか？」

　と尋ねた。

「え？　いないことはないと思うけれど……でも、どうして？」

「ふむ。召喚の仕方や具現化した精霊の扱い方に、いろいろと細かい作法があることはわかったが、結局のところ、最後の結果は数字だけであろう？　その数字が作法通りに扱われてきたかどうかは、見た目だけではわからぬではないか。悪意をもって都合よくまげてしまうことも、できるのではないか？」

　デルタが、ふふふ、と笑った。

「なかなか鋭いわね。そうねぇ、なかには改竄とか捏造とか、不正をはたらく不届き者もいないわけではないけれど、物理使いなら、そんなことをしてなんの意味がある、って考えるわね」

「意味？」

「物理使いは、自然に対して、宇宙に対して、謙虚なの。そして、同じ謙虚さを共有する者同士、互いに敬意を払っている」

　——ああ、そういうこと、だったのか。

　フィリシアは、歩みを止めた。

　——わたし、勘違いしていたのかも……物理使いが激しく主張しあうの

　は、傲慢だからじゃなくて、謙虚だから、だったのか……。

　デルタの大きな背嚢が、そのまま先に進んでいく。

　──不遜な態度に見えたのは、お互いを敬っているからこそ、遠慮がい

　　らない、って、ことだったんだ……。

　フィリシアは、右の腰に下げた 短剣^{マンゴーシュ} に、そっと手を添えた。

　　──そういうことなのですね、お父様……。

「姫君？」

　天井の小さな灯りの下で、デルタがふり返った。

「どうかなさった？」

「あ、いや。なんでもない」

　フィリシアは、小走りにデルタを追った。

†

「なんだ、これは……」

　扉の正面に据えられた卓の前で、フィリシアは目を見開いた。

　卓上には、磨きあげられた金属の立体が鎮座していた。すこし厚めの板といっ

た趣の直方体が、天板の上で冷たい光沢を放っている。

「なにやら、禍々しい気配を感じるのだが」

　その右側には、これまでのように物差しが仕込まれ、左側には、これまでには

なかった秤が据えられている。そして奥には、

この直方体の密度を示せ

との文字が刻まれている。

「密度、か……」

　フィリシアは腕組みをして、はあ、とため息をついた。

「なにか気になることでも？」

　とデルタが尋ねる。

「ふむ──そのだな、密度は、いささか不得手というか……体積と重さの割り算

だということはわかるのだが、どちらをどちらで割ればよいものやら……」

　デルタが、ぴっ、と人差し指を立てた。

「そういうときは、定義を確かめなくてはね」

「定義？」

「そう。密度とはどのような物理量か、という約束事」

「ふむ……」

「約束事だから、知らなければ手の出しようがないし、あやふやなまま進めてしまうと、結果に確信が持てないでしょう」

「たしかに」

「だから、すこしでも不安があるようなら、定義を確認すること」

「なるほど……だが」

　フィリシアは上目遣いにデルタを見た。

「確認する、とは、どのようにすればよいのだ？」

　デルタは、あら、とフィリシアの肩掛け鞄を指す。

「姫君が使っていらっしゃるそのラサには、グロッサが入ってるじゃない。なにかを調べたいときには使っても構わないのよ」

「え？　修行中に使うのは、その……不正行為、ではないのか」

「そんなことないわよ。すでに SI 単位のところで使っているのだし。知らない事柄は、調べないことにはわかるようにはならないでしょう。知識の有無を試されているわけではないのだから、きちんと調べて、確実に身につけなくてはね」

「なるほど、たしかに」

　フィリシアは鞄をおろしてラサを取りだし、グロッサを表示させた。

「密度は……これか」

密度：①物質の単位体積あたりの質量．単位は kg/m^3．
　　　②物理量が単位の体積，面積，長さなどに分布する割合（体積密度，面密度，線密度）．粗密の度合い（人口密度など）．
　　　③内容が充実している度合．

　定義を読んだフィリシアは、吐息をもらした。

「……なぜこのように、意地悪なのだ」

4.2
次元解析

「ええと──」

　デルタが戸惑った様子で、

「意地悪ということはないと思うけれど」

　と反論した。

「そうだろうか」

　フィリシアは首をかしげる。

「おそらくひとつ目の説明が、いま知りたい密度だとは思うのだが、計算のしかたが書かれておらぬではないか……単位体積あたりの質量、というのは、体積を重さで割るのか、それとも、重さを体積で割るのか……」

　察したようにうなずいたデルタが、フィリシアの背後から肩越しに腕を伸ばし、ラサに表示されている、kg/m³、を指した。

「そういうときは、単位を見ればいいのよ」

　デルタのウェーブのかかった髪が、フィリシアの頬をふわりと撫でる。

「単位、を？」

　フィリシアは、すぐうしろにあるデルタの顔をふり返った。うなずくデルタと目が合う。

「そう。単位を見ると、その物理量の求め方がわかるの。グロッサには、密度の単位はなんと書かれているかしら」

　フィリシアはラサに向きなおり、

「──　$\overset{\text{キログラム毎立方メートル}}{\text{kg/m}^3}$ 」

　とこたえた。デルタが横で、ね、とうなずきかける。

「……ああ、なるほど。　$\overset{\text{立方メートル}}{\text{m}^3}$ 分の kg を計算すればよい、ということか」

「そう、kg を m³ で割る、ということね」

「つまり、kg が重さの単位で m³ が体積の単位だから、重さを体積で割ればよい、ということだな」

　デルタの眉が、ひくっ、と動いたが、そうね、といって説明をつづける。

「質量を体積で割る、ということね。で、さきほどの、単位質量あたり、のことだけれど──」

「それなのだ！」

フィリシアはふたたびデルタをふり返った。

「意地悪だとは思わぬか。はじめから割り算で書いてくれればよさそうなものを、その書き方だとどこにも割り算が出てこぬではないか」

　デルタが、にこ、と微笑んだ。

「記号的な表現を読みかえると、割り算が見えてくるわよ」

「表現を、読みかえる？」

　フィリシアの目を見ながら、小さくうなずく。

「単位なんとかあたりや、単位なんとかにつきという表現が出てきたら、それを、分のに読みかえるの。たとえば、単位体積あたりの質量、ならば、単位体積分の質量、という具合」

「なるほど、たしかに」

「場合によっては、単位体積の質量、という具合に、のだけで短く表現されることがあるけれど、このときも同じね」

「ふむ」

「逆に、分数のかたちになっている単位は、斜線をあたりと読みかえると、意味がわかりやすくなるの。分母の単位記号の前に1をつけ、斜線を、あたり、と読みかえて、分母、斜線、分子、の順に読んでいく。いま調べている密度の場合だと、$1\,\mathrm{m}^3$ あたりなんとか kg、という感じね。なんとか、のところには、密度の具体的な数値が入る」

「……なるほど。ということは、単位体積あたり、の意味は、体積 $1\,\mathrm{m}^3$ につき、ということなのか」

「基本的に SI を使うので、それで構わないわ。もうすこし踏みこんでいうと、密度に限らず、単位が分数のかたちになっている物理量というのは、分母の物理量を揃えたとして分子の物理量を比較しているの。単位なんとかあたり、という言葉は、分母の物理量を単位量に揃えよ、というおまじないみたいなものかな」

「まじない……ということは、密度なら、さまざまな物質の体積を $1\,\mathrm{m}^3$ に揃える魔法、ということか？」

「まあ、魔法ではないのだけれど……おまじないというのは、実際に $1\,\mathrm{m}^3$ の物体を用意する必要はない、ということ。実際の物体は、もっと小さくても、もっと大きくても構わない。ただ、SI では体積の単位量は $1\,\mathrm{m}^3$ だから、仮に体積を単位量である $1\,\mathrm{m}^3$ に揃えたらどうなるか、を考えるわけね。そのほうが、比較しやすいでしょう」

「……なるほど」

「いま姫君が密度の計算方法を単位から推測したように、物理量の関係性をその

単位、というか次元から導出する作法を、次元解析、というの。次元は、すこし前に、ええと——第２の扉で、扱ったわよね。

　たとえば、密度の単位は $\mathrm{kg/m^3}$ だから、密度の次元は $\mathrm{ML^{-3}}$、つまり、質量の次元指数が１で、長さの次元指数が−３の物理量、ということになる。このことから、密度を計算するには質量を体積で割ればいい、ということがわかる。長さを３回掛けると体積の次元になって、−１乗というのは１回割るということですものね。

　このように、物理量の次元解析をすることで、計算方法は概ね見当がつくの。概ね、というのは、係数の２とか円周率の π とかの数値は、単位には反映されないので、次元解析からだけでは正しい物理量が得られると限らないから。ちなみに、単位のない量、つまり、次元指数がすべて０の量のことを、無次元量、というの」

「またしても係数か……係数は曲者だな」

　フィリシアはスタイロスを走らせる手を止め、頬に指を添えた。

「たとえば、円周の $2\pi r$ や、円の面積の πr^2 が、曲者がいる場合ということか」

　デルタが、そうね、と相槌をうち、

「それから、もうひとつ——」

　と、つづけた。

4.3
概念分化

「姫君はさきほどから、重さ、とおっしゃっているけれど——」

　デルタは人差し指を、ぴっ、と立てて見せた。

「正しくは、質量」

　フィリシアは、小鼻を膨らませた。

「質量とは、重さのことであろ？」

　デルタが目を細める。

「ええたしかに、日常的には区別してないわね。けれど、物理使いは区別する。くわしいことは、塔に入ってから修行のひとつとして考えていただくことになると思うのだけれど——」

　といいながら、デルタはフィリシアの肩越しに、図を描いた。

「日常の言葉で表現されている事柄の厳密さを追求していくと、じつは異なる概念が含まれていた、ということが、結構あるの。それまでひとつだった概念が、分化するわけね。概念が未分化だった日常の階層から分化して、厳密さの度合いが上がった階層に移行した、といってもいい。

　で、概念が異なるのなら、それぞれに名前をつけることになる。いまの場合、重さという体感的な概念から分化した、より厳密な概念につけられた名前が、質量。で、kg は、未分化の重さではなく、分化後の質量の単位、というわけ」

「ふむ」

「たとえば物理使い同士で議論するときには、日常の階層ではなく、厳密さの度合いが上がった階層で話をする必要があるの。互いに想定している概念の範囲が異なると、議論が噛み合わなくなる恐れがあるから」

「なるほど」

「姫君も物理使いを目指しているのだから、どの階層で話をしているのか、概念の階層の上り下りについて、自覚的にならなくてはね」

　そういうとデルタは、ふわり、と上体を引いた。

「うむ……」

　フィリシアの目が、デルタの動きに惹きつけられる。

「まあ、物理使いだからといって、いつでも厳密な階層で話しているわけでもないのだけれど……どうか、なさった？」

　見つめるフィリシアに、デルタが小首をかしげる。

「あ、いや」

　フィリシアは慌てて視線を外して、ちらり、とうかがう。

「その……デルタって、素敵だな、と」

「……あら」

　目を丸くしたデルタだったが、すぐに笑顔に戻った。

「ありがと。うれしい」

「か、勘違いするでないぞ。素敵というのは、ぶ、物理使いとして、であってだな……」

　どぎまぎして捲したてるフィリシアの肩に、デルタが手を置いた。

「でもいまは、密度を、片付けてしまいましょうね。それに──」

　そして、耳元に顔を寄せ、

「彼が見てるわよ」

　とささやいた。

「えっ？」

　フィリシアは慌ててあたりを見回した。ドリューは壁際の床に座りこみ、いつものように画帖に顔をうずめて手を動かしつづけている。

「──もお」

　と頬を膨らませてデルタを睨むと、デルタが、ふふふ、と笑った。フィリシアも、くす、と表情を緩めると、髪をふって卓に向きなおる。

「密度密度、と。ではまず、体積から──」

　物差しを取りあげ、直方体の各辺の長さを測りはじめる。

横の長さ：　21.27 cm − 0.27 cm = 21.00 cm
縦の長さ：　18.19 cm − 3.27 cm = 14.92 cm
高さ：　　　10.01 cm − 9.14 cm = 0.87 cm
直方体の体積：　14.92 cm × 21.00 cm × 0.87 cm

　──やっぱり、横の長さと縦の長さは、さっきと同じなんだ。

　フォリオに直方体の体積を求める式を書いたところで、フィリシアは、

「計算には、アバクスを使って構わぬのだな」

　とつぶやきながらラサにアバクスを表示させ、積を計算させる。アバクスには計算結果が、

272.5884

と表示されたが、フォリオには、

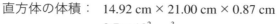

直方体の体積： 14.92 cm × 21.00 cm × 0.87 cm
$= 2.7 \times 10^2 \, \text{cm}^3$

と記して、にこり、とデルタに微笑みかけた。

4.4
数値表示の測定器

「体積を求めて終わりではないのよ。密度を求めなくては」

　デルタが腕組みをして、フィリシアをたしなめるようにいった。

　フィリシアは、わかっておる、とちょっとむくれてみせると、

「密度は、重さ——ではなく、質量、を体積で割ればよいのだから、つぎは質量を測らねば……」

　と、金属製の直方体を卓から両手で取りあげた。

　——うわ、重いっ。

　慎重に秤にのせ、

「質量は——」

　表示された数字を読みとる。

「5.8470 kg、だな」

　とつぶやきながらフォリオに、

直方体の質量：5.8470 kg

と書いたが、そこで手が止まった。

「どうなさったの？」

　デルタがフィリシアの背後から声をかけた。

　フィリシアはふり返って、訊く。

「このように数字で表示されるときの有効数字は、どうなっておるのかと……」

「ああ、そうね。いいところに気がついたわね」

　デルタは卓に歩みより、フィリシアの脇に立った。

「姫君は、どう思われるの？」

「よくわからぬが……数字で表示されているのだから、クッキリしているのではなかろうか」

「そうよね、そんな気がするわよね。でもね、基本的な考え方は、物差しのような、目盛りを読みとる測定器と同じなの」

「目盛りと、同じ？」

　フィリシアは驚いて、

「だが、数字で出ておるではないか」

　と反論する。

　デルタは、そうね、とこたえると、パステルブルーのスタイロスでフィリシアのラサに図を描きながら、説明をはじめる。

「まず、測定値が数字で表示される 仕組みだけど――」

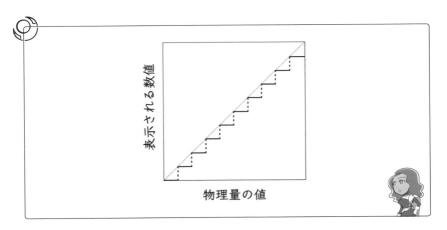

「たとえばこんな風に、ある値の範囲は一定の数値が表示されるようになっているの。つまり、数字で表示されてはいるけれど、目盛りを読んで測定したのと同じことなのよ」

「ああ、なるほど……つまり、1番小さい桁の数字には、やはりボンヤリがある、ということか」

「うーん。それが、必ずしもそうともいえないのよね」

「ん？」

「感度というか、物理量の値を数値にするときの段差が大きいと、曖昧さを含む

のが最小の桁の数字だけではないことがあるの。たとえば値が徐々に大きくなっている場合を考えると、段差が 1 なら最小の桁の数字が 1 ずつ大きくなっていくけれど、たとえば段差が 16 のような場合は、数字は 16 の倍数で大きくなっていくから、1 番小さな桁の数字だけではなくて、下から 2 番目の数字も曖昧さを含むことになるの」

「……そんなことが、あるのか？」

「測定器がどのように数値化しているのかによるのよ」

「なるほど。数字が表示されているからといって、そのすべてが正しいとは限らぬのだな」

　デルタがうなずいて、つづけた。

「それともうひとつ、測定器に表示されている数字が正しいとは限らない場合があるの——そうね、この秤では質量は何桁で表示されているかしら」

「5 桁、だな」

「その 5 桁の数字は、何度測定しても毎回同じ値かしら。もしかすると、測定するたびに異なっているかもしれない。とくに、小さい桁の数字は、ね。だとすると、その数値の有効数字の桁数は、表示されている 5 桁ではなくて、もっと少ない、ということにならないかしら」

「なるほど」

　相槌をうったフィリシアは、秤にのせたままの直方体をいちど持ちあげ、表示がゼロに戻ったことを確認してから、ふたたび秤にのせた。

「変わらぬようだが」

「何度かくり返してみないと、わからないわよ」

　いわれた通り、数回くり返してみる。

「ふむ。毎回、5.8470 kg だ」

「ということは、この秤は、測定のたびに値が異なるということはなさそうね。もっとも、何回測定したとしても、次もまた同じ値になるとは限らない——まあそれは、目盛りを読む測定器でも同様なんだけれどね」

　そういいながらデルタは直方体を秤からおろし、もとの場所に丁寧に戻した。

「それから、物理量の値を数値にするときの段差については、ここでは測定器に書かれている感度を信じましょうか。秤に、秤量（ひょうりょう）、と、最小目盛り、という表示があると思うのだけれど」

「ふむ——」

　フィリシアは秤に目を近づけ、表示を探す。

「12 kg と 0.1 g と書いてあるが、これだろうか？」

「そうね。秤量は、測定できる最大値のこと。で、最小目盛りが、さきほどの段差に相当する量のことね。数値の段差は、最小目盛りを見ればわかる。最小目盛りが0.1 g ということは、5.8470 kg という測定値の最小桁の0は、9でもなく1でもない0、ということね」

「なるほど、それがボンヤリの大きさ、ということだな」

「そういうこと。ならば、有効数字の桁数は？」

「ふむ……5桁、ということか」

「よろしい？」

デルタが確認を求めるようにフィリシアの顔をのぞき込み、首をかしげた。フィリシアは、にこっ、と微笑みかえす。

「うむ」

「では、密度を求めていただけるかしら」

フィリシアはうなずくと、アバクスに割り算をさせ、

「計算の結果は0.021655555555556 で、有効数字は2桁だから——」

とつぶやきながらフォリオに、

$$直方体の密度： 5.8470 \text{ kg} / 2.7 \times 10^2 \text{ cm}^3$$
$$= 0.021 \text{ kg/cm}^3$$

と書いた。

「これでよし」

「では、扉に尋ねてみましょうか」

フィリシアは卓をまわり込むと、扉の脇のラサに 0.021 kg/cm^3 と書きいれ、扉の把手を引いた。

だが、扉は動かない。

「ん？」

　フィリシアは何度か把手を押し引きして、首をかしげた。

「おかしいな……計算を間違えたか」

「間違えてはいないと思うわよ——」

　デルタが卓の向こう側からいった。

「アバクスを使っているのだし」

「ならば、なぜ開かぬ？　精霊に従臣は添わせておるし、ボンヤリ具合も誤ってはおらぬはず……」

「では、なにが原因なのか、検討しましょうか」

　フィリシアは、こちらへ、と招くデルタの声に促されるように、卓の縁をひき返した。

「まず、アバクスに表示されていた計算結果はどうなっていたかしら」

「ええと、0.021655555555556 だな」

　と、フォリオを確かめながらこたえる。

「その数字を見て、なにか気がつくことは、ないかしら？」

「気がつくこと、か……そうだな、5 が並んでいるとか、だが最後は 6 とか……」

「なぜかしら」

「……なぜ？」

「どうして 5 が並ぶの？」

「それは……割り算をしたら、たまたま 5 がたくさん出てきた、ということではないのか」

「たまたま、かしら？」

「んん……あ、もしかして、割り切れなかった、のか？」

　デルタがわずかに口角をあげた。

「それを確かめるには？」

「まあ、筆算をすればわかるではあろうが……」

　フィリシアは人差し指の先で唇に、とんとん、と触れながら、しばらく考えた。

「そうか！　割ったのだから、掛けてみればよいのか」

　早速、アバクスに $0.021655555555556 \times 2.7 \times 10^2$ を計算させてみる。

「5.84700000000012 だ。元に戻らぬということは、やはり割り切れていなかった、ということだな」

　デルタはフィリシアに笑みを返して、ところで、といった。

「割り切れない分数は、どのような小数になったかしら？」

「——あ」

　フィリシアは両手を合わせた。

「循環小数！」

　デルタがうなずく。

「そうよね」

「……そうか、最後の6は5を四捨五入した、ということか」

「そう。アバクスは無限の桁数を表示することはできないから、どこかで数字の列を切らなければならない。その操作のことを、端数処理をする、とか、丸める、というの。で、端数処理の方法としてよく知られているのが、いま姫君がおっしゃった、四捨五入」

　フィリシアは、うむ、と相槌をうつ。

「残したい桁のひとつ下の桁が4以下ならそのまま消し、5以上なら残したい桁の数値をひとつ増やす、という方法だな」

「それぞれ、切り捨て、切り上げ、というの。日常的にはその理解で十分なのだけれど——」

「あ！」

　フィリシアはデルタを遮るように声をあげた。

「——四捨五入してないからだ」

　デルタが微笑んだ。

「気がつかれた？　でもせっかくだから、もうすこし考えてみましょうか」

　フィリシアからフォリオを受けとると、パステルブルーのスタイロスで数直線を描いた。

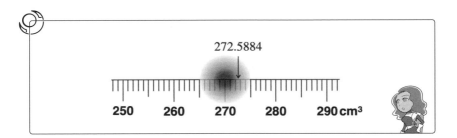

「さきほど体積の計算をしたときには、計算結果が 272.5884 だったのを、有効数字を考慮して 2.7×10^2 に丸めたわけよね」

「うむ。アバクスで計算した結果は小さい桁の数字まであったが、数値のボンヤリが大きかったので 2 桁にしたのだ」

「そうね。で、2.7×10^2 というのは、四捨五入の約束事で描くと──」

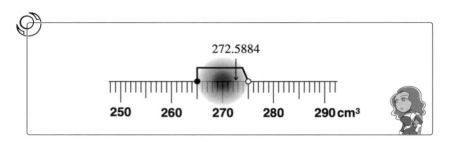

「この範囲の数値を含むことになる。さて、なにか気がつくことは、ない?」

「気がつくこと?」

「気になること、でもいいわよ」

「ふむ……この黒丸は、点の数値を含む、白丸は、含まない、という意味で、よいのだな?」

「そうね」

「だとすると、なんだか左側が重たく感じるな」

「重たい?」

　デルタが不思議そうに尋ねた。

「うむ。残したい桁のひとつ下の桁が非対称というか──」

　フィリシアは数直線を指しながら、

「この 265 の 5 は含まれるのに、こちらの 275 の 5 が含まれないのは、不均衡ではないか。5 を半分にできると、つり合いがとれそうだが」

　と、首をかしげる。

　デルタが納得したように、ふふふ、と笑った。

「そういう感じ、するわよね。ちなみに、姫君がおっしゃるところの、残したい桁のひとつ下の桁の数値を、端数、というの──」

「端数処理の端数とは、このことか」

「そう。で、端数処理をするときに、端数が 5 なら切り上げるのが、四捨五入。これでもいいのだけれど、端数が 5 のときには数値がかならず増えるから、わずかとはいえ偏りが生じる危惧があるの」

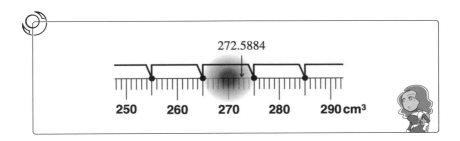

「ああ、なるほど」

「ところが端数をさらに半分に割るわけにはいかないので、端数が5より小さければ切り捨て、5より大きければ切り上げ、ぴったり5なら、結果が偶数になるように切り捨てか切り上げをする、という流儀があるのよ。最近接丸め、とか、五捨五入、とかいったりするのだけれど、物理使いの間では、四捨五入よりもこちらの方が望ましいとされているの」

「五捨五入……」

「数直線だと、こんな感じかしら——」

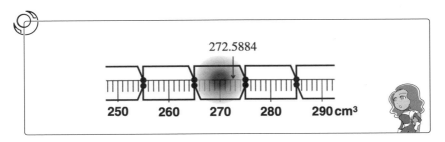

「そうね、別の数字で説明すると、たとえば2.165を3桁に丸めたければ、5のひとつ上の桁が6で偶数だから、5を切り捨てて、2.16にする。もし、2.175だとしたら、5のひとつ上の桁が7で奇数だから、5を切り上げて、2.18にする」

　フィリシアは、デルタが差しだしたラサを受けとり、自分でも数字を書いて確かめてみる。

「……なるほど」

「さて」

　デルタが、ぱん、と両手を合わせた。

「ではあらためて、姫君が扉に拒まれた理由は？」

「ふむ——」

　フィリシアはフォリオを遡る。

「先の 0.021 kg/cm^3 がだめだったのは……アバクスで割り算をした結果の、端数処理、のしかたがいけなかったから、ということだな……そうか、あのときは切り捨ててしまったのか。有効数字が 2 桁になるように五捨五入すると、というか、この場合は四捨五入でも結果は同じで、0.022 kg/cm^3 ということだな」

　フィリシアはフォリオに結果を書きこみ、ばっ、と顔をあげると、扉の脇のラサに向かおうとする。

「あ！　ちょっと待って、姫君」

4.6
流儀と思考

　フィリシアは訝りながら、制止するデルタをふり返った。

「まだどこか、間違えているだろうか？」

「いいえ」

　デルタが首をふる。

「そのままでも、扉は開くとは思うのよ」

「では、なに故だ」

　フィリシアは、ぷう、と膨れて、口をとがらせた。

「このままで構わぬではないか」

　デルタは口元に笑みを湛えた表情で、穏やかにこたえる。

「物理使いの流儀に、慣れていただこうと思ったの……姫君が、前向きになってきたみたいだったから」

「え、えと……」

　意外な言葉を耳にして、フィリシアは顔を伏せた。上目遣いに、

「──物理使いの、流儀？」

　と、訊きかえす。

　デルタは気にする素振りを見せることなく、卓上のラサを指した。

「この表現だと、ちょっと違和感があるのよね」

　そこには、

$$0.022 \text{ kg/cm}^3$$

と表示されたままになっている。

「違和感？」

「格好悪いのよ」

「格好？　だが、間違ってはおらぬのであろ……」

「間違ってはいないわね」

「ならば、格好など、どうでもよいではないか」

「まあ、そういう考え方もないわけではないけれど──本当にどうでもいいのな
ら、流儀みたいなものは発生しないはずよね」

「……ふむ」

「慣習的に行われていることにも、なにがしかの意味はあるものよ。正しいとか
間違っているとかだけではないの。たとえば、誤りにくくなるとか、省力化でき
るとか。で、いまの場合は、伝わりやすくなる、ということ」

「伝わりやすく……」

「そう。伝わりにくいよりも、伝わりやすいほうがいいでしょう？　それで、ひ
とつは単位なんだけれど──」

　といいながらデルタは、両手で持てるくらいの球を胸の前で包みこむような仕
草をした。

「単位って、手頃感、というか、相性みたいなものがあって──」

「単位に、相性……？」

「そう、相性。kg と相性がいいのは、cm ではなくて m。cm と相性がいいのは、
kg ではなくて g なの。約束事ではなくて、流儀だから、かならずそうしなくては
ならない、というものではないのだけれど、そうなっていないと、なんだか落ち
つかないのよね」

「そういう、ものなのか？」

「そういうものなのよ。だからここでも、m と kg の組み合わせか、cm と g の組
み合わせにしていただきたいの」

「ふむ……累次召喚では従臣や腹心たちの相性に配慮する方が、受けがよくなる、
ということだろうか」

　フィリシアは戸惑いながらも、フォリオを見ながら考えてみる。

──いまは、kg と cm³ だから、kg を g に変えればいいのかな。で、k は
　　10³ という意味だから……。
　スタイロスを手に取り、式を書きくわえる。

$$\text{直方体の密度：} \quad 5.8470 \, \text{kg} \, / \, 2.7 \times 10^2 \, \text{cm}^3$$
$$= 0.022 \, \text{kg/cm}^3$$
$$= 0.022 \times 10^3 \, \text{g/cm}^3$$

　デルタがフォリオを覗きこんで、うーん、と唸った。
「……まだ格好が悪い、だろうか？」
　とうかがうフィリシアに、デルタは真顔で目を向けた。
「愛が足りない」
「あ、あい？」
　フィリシアは素っ頓狂な声をあげて、デルタに向きなおった。
「そう、愛──」
　デルタの翠の瞳が、フィリシアを正面から受けとめる。
「さきほど──第3の扉で、数値を仮数部と指数部に分ける流儀、科学的記数法
について、説明したわよね」
「う、うむ」
「では、仮数部と指数部に分けて表現する理由は、なにかしら？」
「それは……それが物理使いの流儀だから、ではないのか」
　デルタが腕組みをした。
「それはそうだけれど、質問の意図は、なぜそういう流儀になっているのか、と
いうこと」
「ああ、なるほど」
　フィリシアは慌ててフォリオを遡り、科学的記数法について記した部分を表示
した。
「そうだな……そのほうがわかりやすいから、ではないか？」
「そうね。では、いまの場合は、いかがかしら。こう書くことで、わかりやすく
なった？」
「ん？」
　　──あ、そうか。これだと仮数部が小数になっているから、わかりやす
　　いとは、いえないか……。
　スタイロスを持った指を唇に添わせながら、考える。

——0.022×10³ を計算すると 22 になるけど、たしか仮数部が 1 から 10
の間になるように桁を選ぶのが物理使いの流儀、ということだっ
たから……。

そして、さらに式を書きくわえ、

$$
\begin{aligned}
\text{直方体の密度：} \quad & 5.8470 \ \text{kg} \ / \ 2.7 \times 10^2 \ \text{cm}^3 \\
= \ & 0.022 \ \text{kg/cm}^3 \\
= \ & 0.022 \times 10^3 \ \text{g/cm}^3 \\
= \ & 2.2 \times 10^1 \ \text{g/cm}^3
\end{aligned}
$$

ふたたび、ちらり、とデルタをうかがった。

デルタは腕組みをしたまま、渋い表情でラサを見下ろしている。が、なにかを
思いついたように、ねえ姫君、と顔をあげた。

「〈篩分の門〉に入るときに御師匠様がおっしゃったことを、そっくりそのまま
くり返していただけるかしら？」

と、穏やかな口調で促す。

フィリシアはうなずくと、フォリオを遡っていく。

「——あった……習慣を省み、常識を疑い、当然を怪み、ひたすらに己の思考に
臨め……」

「意味は、わかる？」

「さきほど、すこしわかりかけた気がしたのだ……当たり前だと思っていること
を疑え、ということではないだろうか？」

デルタが首を横にふる。

「それではいい換えているだけよ。その心は、なにかしら」

「こころ？」

調子の外れた声で訊きかえすフィリシアを、デルタは真正面から受けとめる。

「そう。御師匠様がおっしゃりたかったことの本質はなにか、ということ」

「おっしゃりたかったことの、本質……」

「それはね——」

と、両手で包むようにフィリシアの手をとる。

「記憶に頼るのではなく、自らの思考に基づいて合理的な判断をしなさい、とい
うこと」

「……ふむ」

そして、胸元にひき寄せた。

「思考は流儀を超える、ということよ」

　——思考は流儀を超える？　流儀に従うことよりも、自分で考えること
　　のほうが優先する……。

「そうか！」

　弾かれたように顔をあげたフィリシアは、ラサに覆いかぶさるようにして書きくわえた。

$$
\begin{aligned}
\text{直方体の密度：} \quad & 5.8470\,\text{kg} \,/\, 2.7 \times 10^2\,\text{cm}^3 \\
= {}& 0.022\,\text{kg/cm}^3 \\
= {}& 0.022 \times 10^3\,\text{g/cm}^3 \\
= {}& 2.2 \times 10^1\,\text{g/cm}^3 \\
= {}& 22\,\text{g/cm}^3
\end{aligned}
$$

「このほうがわかりやすい、と思う」

　と、デルタに目を向ける。

　デルタは、にこ、と笑顔を返した。

「で、その心は？」

「こうすれば、文字数が少なくて済むであろう？　物理使いの流儀では、仮数部が1から10の間になるように桁を選ぶとのことだったが、それでは数値が7文字になってしまう。流儀には反するかもしれぬが、こうすれば2文字ですむ」

　と、フィリシアは一気に捲したてた。

　うんうん、とうなずきながら聞いていたデルタが、

「ではそこに、愛はあるかしら？」

　と尋ねる。

　——愛、愛……愛って、なんだろう。好きなこと、大切なこと、慈しむ
　　こと……真実の愛、無償の愛……ああ、そうか。愛とは、相手の
　　ためを思うこと……送り手の押しつけではなくて、受け手への思い
　　やり——。

　フィリシアはデルタの瞳をまっすぐ見つめた。

「うむ。読み手にとってわかりやすい、という愛が」

　デルタが目を細めて、うなずいた。

4.7
物質定数

「さて」

　デルタが胸の前で、ぽん、と両手を打った。

「問（もん）に対する答（とう）も調ったようなので、ここでわかったことをまとめていただけるかしら？」

「うむ」

　フィリシアはうなずき、フォリオをたどっていく。

「そうだな──まず、分数のかたちに編成されている従臣たちについてだ。分母の単位記号の前に 1 をつけ、斜線をあたりと読みかえて、分母、斜線、分子の順に読むとわかりやすい。単位なんとかあたりは、分母の物理量を 1 に揃えるまじないだ。

　それから、物理量の属性──次元から、計算方法が推測できるが、曲者の係数には注意すること。重さと質量では概念の階層が違うこと。概念の階層の上り下りに自覚的になること。

　あと、測定値の扱いについて。測定値が数字で表示される測定器でも、目盛りで召喚するときと同じように、精霊のボンヤリに気を配ること。精霊を累次召喚するときには、端数処理、できれば五捨五入をすること。累次召喚では従臣や腹心たちの相性に配慮すると、受けがよくなる。

　最後に、測定値の表現についてだ。思考は流儀を超えること。そして──」

　と顔をあげて、目配せをした。

「なによりも、愛を忘れてはならぬ、ということ」

　いってしまってから恥ずかしくなったフィリシアは、慌てて目を伏せた。フォリオを確認するふりをして、とり繕う。

　デルタが、ふふ、と笑みを返し、

「ところで姫君──」

　いつも通りの口調で訊く。

「この直方体がどのような物質からできているか、見当がつくかしら」

「え？」

　フィリシアは思いもよらない問いかけに、顔をあげた。

「なにかの金属、だとは思うが……」

「金属といっても、いろいろよね」

　デルタが重ねて問う。

「どんな金属かしら」

　フィリシアは、天板上の直方体とデルタの顔とを交互に眺めた。

「種類を当てろと？　そんな魔法みたいなこと……」

「魔法じゃないのよ」

　すぐさまデルタが反論する。

「質量も体積も、物体ごとに異なる物理量だけど、それらを組み合わせた、単位体積あたりの質量、つまり密度は、物質ごとに決まっている物理量なの。いいかたを変えると、密度が判明すれば、その物体がどんな物質でできているのかを推測できる、ということ。そういう物理量のことを、物質定数、というの」

「それはつまり、密度がわかれば金属の種類がわかる、ということか？」

「グロッサには密度の一覧表も載っているはず」

　と、デルタはフィリシアのラサを操作して、表を表示させた。

金属の密度

元素	記号	密度 / $10^3 \, \mathrm{kg \, m^{-3}}$
マグネシウム	Mg	1.738
アルミニウム	Al	2.7
チタン	Ti	4.506
亜鉛	Zn	7.14
クロム	Cr	7.19
鉄	Fe	7.874
ニッケル	Ni	8.908
銅	Cu	8.96
銀	Ag	10.49
鉛	Pb	11.34
ウラン	U	19.1
タングステン	W	19.25
金	Au	19.3
白金	Pt	21.45
イリジウム	Ir	22.6

　フィリシアは表を眺めて、眉をしかめる。

「単位が……ちがってる」

「そうね。姫君が導出したのは g/cm^3 で、表に記載されているのは kg/m^3——」

　デルタは、誘いかけるような視線をフィリシアに向けた。

「ということは？」

「……単位の換算、か」

「そう、単位を変換するために数値を換算するわけね」

「ふむ……要するに、g を kg に、cm^3 を m^3 に、変えればよいのだな」

　フィリシアはスタイロスを手に、フォリオに向かった。

　——ええと、1 kg は 1000 g で、1 m は 100 cm だから……。

　すすっ、と書きくわえる。

$$\begin{aligned}
\text{直方体の密度：} \quad & 5.8470\,kg\,/\,2.7 \times 10^2\,cm^3 \\
= \; & 0.022\,kg/cm^3 \\
= \; & 0.022 \times 10^3\,g/cm^3 \\
= \; & 2.2 \times 10^1\,g/cm^3 \\
= \; & 22\,g/cm^3 \\
= \; & 22 \times \frac{100}{1000}\,kg/m^3 \\
= \; & 2.2\,kg/m^3
\end{aligned}$$

「……あの、姫君？」

　デルタが目をぱちくりとした。

「この数値って、その金属の密度、よね」

「う、うむ」

　フィリシアは、天板上の直方体にちらりと目をやった。

「そう、だが」

「仮に、その金属でできた 1 m×1 m×1 m の立方体があったとして、その質量がたったの 2.2 kg、ということは、あるかしら？」

「ん？　あ、そうか。もっと重いはず……」

　デルタが、はあ、と息をついた。

「姫君はいま、思考停止で記憶に頼って換算したでしょう」

フィリシアは、はっ、とデルタを見た。

「なぜわかるのだ？」

「わかるわよ、その式を見れば。フォリオは脳の延長。書かれたものを見れば、頭の中をうかがい知ることができるの」

「そ、そうなのか？」

　うろたえるフィリシアに、デルタはゆったりとうなずいた。

「フォリオが乱れているようなら、頭の中も混乱している。逆に、フォリオを整えて書くようにしていると、頭の中も整頓されていく。だから、できるだけ丁寧に、整然と書くことを心がけていただきたいの」

「う、うむ」

　　──いやぁぁ、恥ずかしいっ。頭の中が丸見えだったなんて……。

　フィリシアは耳が火照るのを感じながら、これからは慎重に書こう、と堅く心に誓った。

4.8 単位の変換

「単位の話に戻るわよ」

　デルタが、ぴっ、と人差し指を立てた。

「SI 単位では、単位の変換は自動的、というか機械的にできるの」

　パステルブルーのスタイロスでフィリシアのフォリオに書きながら、説明をはじめる。

「機械的とはいっても、SI 接頭語の定義は覚えておかなくてはいけないのだけれど、覚えなければならないのは、それだけ。たとえば、kg を g にしたいときは──」

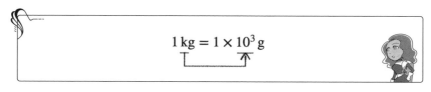

$$1\,\mathrm{kg} = 1 \times 10^3\,\mathrm{g}$$

「というふうに、定義に従って SI 接頭語を 10 の冪に置きかえると、変換できるわよね」

「うむ」

「その反対に、g を kg に変換したいときは——」

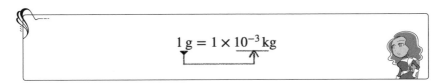

$$1\,g = 1 \times 10^{-3}\,kg$$

「10 の冪と SI 接頭語との積が 1 になるような組み合わせを挿入すれば、変換できるの」

「なるほど。kg を g に直すとか、g を kg に直すとか、ではなく、k の部分だけを考えれば済む、ということか」

「そういうこと。それから、前にも一度ふれているのだけれど、たとえば cm^3 のように、単位が冪になっている場合は——」

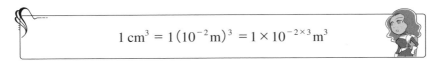

$$1\,cm^3 = 1(10^{-2}m)^3 = 1 \times 10^{-2 \times 3}\,m^3$$

「という具合に、接頭語も含めて冪乗しないといけないわよね。これも、覚える、というより、SI 接頭語ごと括弧でくくる、という規則に従って処理するだけ」

「……ふむ」

「それから、接頭語を数に変換するときは、100 とか 1000 とかではなく、いま書いたように、10 の冪を使うこと。いちいち桁数を数えなくても、指数の加減だけで計算できるので、間違いにくくなるわよ」

「なるほど」

　デルタは、ではやってみて、とラサを戻した。

　受けとったフィリシアは、さきほど書いた部分に消し線を引き、修正していく。

$$直方体の密度: \quad 5.8470\,\mathrm{kg}\,/\,2.7 \times 10^2\,\mathrm{cm}^3$$

$$= 0.022\,\mathrm{kg/cm}^3$$

$$= 0.022 \times 10^3\,\mathrm{g/cm}^3$$

$$= 2.2 \times 10^1\,\mathrm{g/cm}^3$$

$$= 22\,\mathrm{g/cm}^3 \qquad \begin{aligned} 1\,\mathrm{g} &= 1 \times 10^{-3}\,\mathrm{kg} \\ 1\,\mathrm{cm}^{-3} &= 1 \times (10^{-2}\,\mathrm{m})^3 \end{aligned}$$

$$\cancel{= 22 \times \frac{\cancel{100}}{\cancel{1000}}\,\mathrm{kg/m}^3}$$

$$\cancel{= 2.2\,\mathrm{kg/m}^3}$$

$$= 22 \times (10^{-3}\,\mathrm{kg})/(10^{-2}\,\mathrm{m})^3$$

$$= 22 \times 10^{-3+(2\times3)}\,\mathrm{kg/m}^3$$

$$= 22 \times 10^3\,\mathrm{kg/m}^3$$

　一通り書いたところでフォリオを見直して、ふむ、と息をつき、

「……物理使いの流儀に則るなら、最後は 2.2×10^4 となろうが、表の数値と比較したいのだから、ここは 22×10^3 としたいと思うが」

　とデルタをうかがう。

　デルタは、にこ、と笑いかけた。

「ええ、それでいいと思うわよ。で、どんな金属かしら」

「それが──」

　フィリシアは表をまじまじと見る。

「ぴったりなのは、見当たらぬのだ……値が近いのは、白金、と、イリジウム、だが、2桁にすると、どちらも22にはならぬし……」

「そうね」

「この表には載っていない金属、なのだろうか……」

　ため息を漏らすフィリアに、デルタが悪戯っぽい表情を向けた。

「そういう可能性もあるけれど、他の可能性は考えられないかしら」

「ほかの、可能性？」

「じつはあの金属はね、白金とイリジウムの合金なの」

　フィリシアは、目をぱちくりとする。

「合金？」

「そう、白金にイリジウムが混ぜられているから、それぞれの密度の間の値になっていて、単体の密度が記載されているこの表には、一致する値がないのよ。ちょっ

と意地悪だったかしらね」

「ああ、なるほど――」

　と納得しかけたフィリシアだったが、ん？、と気がついて、デルタに尋ねる。

「だがそれでは、種類がわかったとは、いえぬのではないか？」

「そうね」

　デルタがうなずいた。

「だから、見当がつく、といったの。単体の種類ならわかるけれど、合金の組み合わせは一意には決まらない。世の中そう単純なことばかりではないものね」

　そして、ぷう、と頬を膨らますフィリシアをなだめるように、扉に向けて背中を押した。

「さあ、ちょっと寄り道してしまったけれど、姫君の答を扉に尋ねていただけるかしら。この扉を抜けると、つぎはいよいよ最後の扉。とっても順調よ」

　フィリシアは、こく、とうなずくと、扉の脇のラサに、

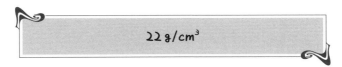

$$22\,\mathrm{g/cm^3}$$

と書き、把手を引く。

　扉は抵抗なく動いた。

「やった」

　フィリシアは扉を少しだけ開けると、その奥を覗きこんだ。

「――あれ？」

†

　ドリューの視線の先で、デルタが背嚢からなにやら取りだしてから、フィリシアを伴って戸口をくぐっていった。

　――どうしたんだろ……やっぱりなにか、仕掛けてきたのかな。

　ドリューは扉が閉じるのを見ながら、立ちあがった。

　足早に卓まで進み、画帖を開いて金属製の直方体の寸法を記していく。

「今回のは、ずいぶん薄いんだな」

　鉛筆を置き、直方体を持ちあげようと両手に軽く力を込めた。

　――重っ！

「へえ、密度も違うんだ」

苦笑いしつつ、改めて慎重に持ちあげる。静かに秤にのせると、質量を書きと
め、密度を計算したが、結果を二度見した。
　　　──これは……ほとんどプラチナじゃないか！　こんな高価なもの、前
　　　はなかった……っていうか、こんなとこに置きっぱなしにしといた
　　　ら、盗られちゃうよね、普通……。
　そして鉛筆を咥えると、注意深く直方体を取りあげ、もとの位置に、ごとり、
と戻した。
　　　──身内からは、きちんと遇されてる、ってことか。
　頬を緩めながら卓を回りこみ、壁のラサに、

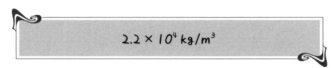

$$2.2 \times 10^4 \, kg/m^3$$

と書きいれ、把手を引く。
「……なるほどね」
　開いた扉の奥を見て、納得した。
　扉の先の隧道には、暗闇が広がっていた。
　　　──照明って、点いてなかったっけ？
　首をひねったドリューだったが、そそくさと戸口をくぐり、奥に揺れる小さな
明かりを目指して駆けだした。

最後の扉

5.1
魔除けの御守り

冷たい。

足の裏に、ひんやりとした感触。

ここはどこだろう。

真っ暗で、なにも見えない。

両手でそろそろと、まわりを探る。と、右手の指先に、なにかが触れた。

硬くて、冷たくて、ザラッとした感触……石の、壁？

手のひらを滑らせていくと、ゆるやかに弧を描いてつづいている。

一方、左手は、いっぱいに伸ばしてみても、宙を切るだけ。

指のあいだをなであげるように、ふうっ、と風が吹きぬけていく。

思わず身体を右によせた拍子に、つまずきそうになった。

なんだろう……。

つま先で探る。

……石段？

はっ、と顔をあげる。

「そうか、塔の螺旋階段だ」

思わずこぼれたつぶやきが、闇に飲みこまれていく。

ぞくり、と恐怖が背中を這いあがる。

……どう、しよう。

足がすくんで、動けない。

そのとき頭上から、かすかな足音。

息をとめ、耳をすます。

間違いない……誰かが階段をたどってる。

「待って！」

上に向けて叫ぶが、足音は止まらない。

意を決して、足を踏みだす。両手は壁から離さずに、つま先で一段ずつ確かめながら――。

どのくらい、昇っただろう。

気がつくと、高いところに微かな明かり。

出口だ！

　そして、その明かりの中に、人影が。

「え？」

　人影はこちらをちらりとふり返り、光に溶けこむように消えていった。

「……お兄様？」

　階段を駆けあがり、あとを追って出口をくぐる──。

　突然、光につつまれた。目が眩む。

　薄眼をあけると、白く輝く霧のなかに、薄っすらとお兄様の影……と、さらに奥に、もうひとつの影。

　そんな、まさか……！

「……お父様!?」

　長剣を両手で構えるお兄様と、短剣を左手だけで構えるお父様。輝く光のなかで向きあったまま、動かない。

　なぜお兄様と、お父様が……。

　ふたりを止めようと、駆けだす。ところが、全力で走っているのに、いつまでたっても近づかない。

「お父さまぁ！　お兄さまぁ！」

　走りながら、声をふり絞る。

　と、お父様が剣を構えたままこちらを向き、なにごとかを叫んだ。

　間髪を容れず斬りかかる、お兄様の影──。

「やめてぇっ！」

　金属が激しくぶつかりあう音。閃光がほとばしり、衝撃波がひろがる。霧が一瞬で吹きはらわれ、長剣を打ちこむお兄様と短剣で受けとめるお父様があらわになる。が、その直後、巨大な力に圧されるように床が割れ、舞いあがる砂塵がふたりをのみ込み、砕けた石材もろとも崩れおちていく────

「おとうさまーぁ！　おにいさまぁぁ！」

✝

　フィリシアは思わず、デルタの腕にしがみついた。

　足元を照らす明かりが揺れる。

「どうか、なさった？」

　デルタの柔らかな声が尋ねた。

「あ、いや……」

　──明け方の悪夢が怖くなった、だなんて、いえない……。

フィリシアは、強張った顔を気取られないように、

「ここはいつも、真っ暗、なのか？」

　と、はぐらかした。

「いいえ」

　デルタは落ちついた口調でこたえる。

「いつもは明るいわよ。照明設備の故障かしらね」

「そう、か……」

　フィリシアは、左手でデルタの二の腕をつかまえたまま、右手でそっと短剣に
触れ、静かに息を整えた。

　　　──夢にしては、妙にはっきり覚えてる……寝覚めの悪い夢だった。こ
　　　　んなときに思いだされるなんて……暗闇のせい、かな。

　握りしめた指を、デルタの手がふわりと包みこんでくれる。

「ここに来るまでは点いていたのだから、停電ではなさそうよね」

「……停電や故障は、よくあることなのか？」

「そんなことないわよ。私もはじめて」

「そうか……」

　デルタが、ふふふ、と笑う。

「こんなこと、しばしばあっては困るでしょ？」

「そう、だな」

　　　──たしかに、こんな暗闇に出くわすなんて、リテラと準備していると
　　　　きには考えもしなかった……デルタが灯りを持ちあわせてくれてな
　　　　かったら、きっと扉の前で途方に暮れてた……。

　歩調に合わせて、大きな背嚢が肩に当たる。

　　　──滅多にないことのために、いろいろ運んでくれていたなんて……い
　　　　くら、可愛い道具たち、とはいっても……。

「……ひとつ、尋ねても構わぬか」

　手元の明かりにほんのりと照らしだされたデルタが、どうぞ、と向きなおる。

「いつも、そのような大荷物を背負っておるのか……あ、いや、その、デルタひ
とりに負わせるのは、心苦しいというか……」

　デルタは、すっ、と前を向いた。

「私、難民孤児なの」

　ぽつりという。

「え……」

　予想外の返答に、フィリシアは言葉を詰まらせた。

　デルタが訥々と語りはじめる。

「──私がまだ、物心もつかない幼いころ、住んでいた地域が、隣国から侵攻されてね。住民の権利は蹂躙され、略奪や暴力を受けて、大勢亡くなったらしい。両親は、家も土地も捨てて、私を連れて国境まで何日も歩き、命からがら、隣国に逃げこむことができた。けれど、押しよせる避難民に対して、収容所の受容能力が追いつかず、衛生状態は悪化し、食料も生活物資も不足した。せっかく逃げのびたのに、疫病や栄養失調で、ここでも大勢が亡くなった……私の両親も」

「それは……お気の毒に」

「幸いなことに、私はこの国に移住することができた。その上、物理の修行までさせてもらえた……けれど、心的外傷なのかしらね。道具たちに限らず細々した日用品まで、一切合切身に付けていないと不安なのよ。使う機会なんてない、ただの執着だと、わかってはいるの。でももし、なにかが起きたら、と怖くなってしまう。だからこれは──」

　と、ちらりと背嚢に視線を向ける。

「私にとっての、魔除けの御守り、みたいなものかしらね」

「…………」

　暗い隧道に、重い足音だけが響く。

　フィリシアはデルタの手を放し、

「──すまぬ」

　とだけいうと、口を結んで顔を伏せた。

「あら」

　デルタが明るい声で応じる。

「どうして姫君が謝るの？」

「……他国のこととはいえ、民は守られねばならぬのに、大勢の者たちが苦しめられる状況を、許すとは」

　デルタが、ふふふ、と笑った。

「まるでどこかの国のお姫様のようなことを、おっしゃるのね」

「な、なにを申すか……」

　フィリシアは小鼻を膨らませて異を唱えようとしたが、口をつぐんだ。

「では──」

　前を照らしていた明かりが、突然下を向く。

　フィリシアが顔をあげると、足をとめたデルタが、

「姫君にお願いがございます」

　と、改まった調子でいった。

「〈物理の迷宮〉に入り、塔を攻略して、王位を継いでください。そして、誰もが幸せに暮らすことのできる、世の中に」

「…………」

「私が物理使いを志したのは、自然は正しさに対して公平だから。私はこの国に来ることができて、本当に幸運だった。〈物理の迷宮〉の守護者たるこの国は、問題がないとはいわないけれど、公正だと思う。だから──」

「承知した」

　フィリシアは、己を激するように背筋を伸ばした。短剣の鍔を握りしめる。

「約束しよう、二度とデルタを──皆を、悲しませるようなことはさせぬと」

　床からの柔らかな反照を受けて、デルタの瞳がきらめいた。

「……では、まず、最後の扉を攻略して、〈篩分の門〉を突破、しなくてはね」

「うむ」

　フィリシアはデルタと微笑みを交わし、ふたたび連れだって暗い隧道を歩きだした。

「──私もひとつ、伺ってよろしいかしら」

　とデルタが訊いた。

　フィリシアは前を向いたままうなずく。

「なんであろ」

「姫君は、右利きよね」

「うむ、そうだが？」

「なのに、なぜ剣を右に？」

「ああ、これか。これは──」

　そのとき背後から、駆けよる足音。

「ドリュー！」

　フィリシアは、反射的にふり返った。

「坊や？」

　デルタがふり向けた明かりの中を、ドリューが駆けてくる。

「どうしたの、そんなに慌てて……」

　ドリューは息を弾ませながら、

「よかった──」

　といって、大きく深呼吸をした。

「明かりを頼りに、ついてきたんですけど、動きが止まったから、なにかあったかと、心配になって」

「なにも、ないわよ……？」

　怪訝そうなデルタに、フィリシアは頬を緩めて、うむ、と大袈裟にうなずきかけた。

「デルタの魔除けは、鍛えぬかれた頼れる護符、ということだな」

　デルタはぱちくりと、視線を返した。

「……そうなの、かしら」

「え、なんのことです？」

「気にするでない。こっちの話だ」

　きょとんと首をかしげるドリューを尻目に、ふたりはくすくすと笑いあった。

5.2 最後の問（もん）

　デルタの携行灯が、粗削りな岩壁にはめ込まれた扉を照らしだした。黒く滑らかな表面が、ぬるりと光を反射する。

　フィリシアは卓をまわり込み、そっと扉に触れた。ひんやりとした感触が、手のひらから伝わる。

「ここの扉は——」

　扉に手を置いたまま、背後をふり返った。

「木製では、ないのだな」

「それはそうよ。木では腐ってしまうもの」

　とデルタが片方の眉をあげ、目配せする。

「つまり、この向こうは……」

「そう、扉の向こうは隧道の外。この扉は、〈物理の迷宮〉への入り口、ということになるわね」

　フィリシアは、ふう、と息をついた。

「ようやく……」

　両手を扉に添えて頭を垂れ、しばらく祈るようにしていたが、ふっと顔をあげた。

「だが」

　と向きなおり、扉の正面に据えられた卓を見おろす。

「こうも暗いと、問題を読むこともできぬな」

「あら、御免なさい」

　デルタが明かりを卓にふり向けた。

天板には、金属の塊も、物差しも、秤もなく、表面に刻まれた文字だけが陰影を浮かびあがらせている。
「なにも置かれていないということは、また例の、以前の値を使って、という問題であろうか？」
　デルタが、ふふふ、と笑った。
「問(もん)を、読んでいただける？」
「ふむ──」
　フィリシアは天板に目を近づけて、文字を追った。

先程の金属に含まれる電子の大きさを示せ

「……先程の金属に含まれる電子の大きさを示せ、とあるが」
「えっ」「え？」
　デルタとドリューの声が斉唱で響く。
「電子？　原子ではなくて？」
　と尋ねるデルタに、フィリシアは、
「いや、電子、と書いてある」
　と文字を指した。
　デルタとドリューが、揃って天板に頭を寄せる。
「……本当ね」
「……おかしいですね」
　と、顔を見合わせた。
「ん？　なにかおかしなことでも、あるのか？」
　状況が飲みこめないフィリシアに、ドリューが説明する。
「以前は、原子の大きさを問う問題だったんです……これまで求めてきた量を使って、原子の大きさを見積もることができるんですけど……電子の大きさなんて求めることはできないし、それに──」
　ドリューが目配せをすると、デルタがあとを継ぐ。
「そもそも、電子の大きさは、わかっていないの」
「わかって、いない？」
「原子は、原子核と電子から構成される粒子で、その大きさは電子の広がりとして測定することができる。でも電子は、この宇宙の基本的な粒子──素粒子、のひとつと考えられていて、そもそも広がりがあるのかどうかさえ、はっきりして

いない。質量や電荷は測定されているけれど、半径はわかっていないの」

「では、この問題は……」

「──未解決問題、ね」

「だ、だが」

　フィリシアは，恐るおそる尋ねた。

「それでは問題として、成立しておらぬではないか」

「まあ本来は、未解決な事柄のことを、問題、というのだから、まさしく問題ではあるのだけれど」

「そうではなくて──」

　苛立ち気味に首をふる。

「正しい解答を書かねば、扉は開かぬのではないのか」

「そうね」

「いやいやいや、それでは困るであろ！」

　フィリシアは扉の把手をつかみ、押したり引いたりするが、扉は当たり前のようにびくともしない。

「古典電子半径、ではどうですかね？」

　とドリューがデルタに持ちかけた。

「そおねぇ。試してみてもいいけれど、どうかしらね……」

「その古典なんとか、というのは、なんなのだ？」

　フィリシアは、ドリューとデルタを交互に見ながら訊いた。

「古典電子半径、ね」

　とデルタがこたえる。

「電子を球体と仮定して、エネルギー的な観点から半径を計算することができるのよ。物理定数のひとつで──」

「……物理定数？」

「あ、物理定数というのは、値が変化しない物理量のこと。自然定数、といったりすることもあるのだけれど、時間的に変わらないだけでなく、空間的にも変わらない、つまり、普遍的だと考えられているの」

「なるほど……では、その古典電子半径とやらは、電子の大きさではないのか？」

　デルタがうなずいてつづける。

「電子の半径に相当する量を計算して得られる値、という感じで、本当に電子がその大きさ、というわけではないの」

「ふむ」

「まあ、試してみても構わないけれど、多分駄目ね。ここまでの流れと無関係に、

脈絡のない問を出すとは思えないもの」

「だけど、それをいうならそもそもおかしいですよね、こんな問題」

　いつもと違って言葉を荒げるドリューに、デルタも同意する。

「そうなのよねぇ……」

　フィリシアは頬に指を添わせて、首をかしげた。

「ダメもとで試してみても、よいのではないか？」

「うーん、そおねぇ」

「計算は難しいのか？」

「あら、難しくはないけれど、わざわざ計算なんかしなくてもいいのよ。物理定数は、世界中で共通して使用できるように公開されているの。グロッサにも載っていたはず」

　フィリシアは鞄からラサを取りだし、古典電子半径を検索した。

　　──ホントだ、載ってる。

　すぐに扉の脇の岩壁にはめ込まれたラサに向かい、

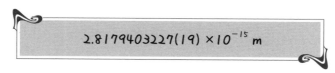

$$2.8179403227(19) \times 10^{-15}\,m$$

と、そのまま書きうつす。急きこんで扉の把手をつかみ、押し引きするが、扉は動かない。

「やはり、ダメなようだ」

「そうよね」

　デルタがため息をついた。

　フィリシアは、

「この──」

　と、ラサを示した。

「括弧が、いけないのではないか？」

「ああ、これは数値の不確かさを示しているのよ」

　といって、デルタはラサとスタイロスを受けとると、フォリオを表示させ、

$$(2.8179403227 \pm 0.0000000019) \times 10^{-15}\,m$$

と書いた。

「数値と不確かさを別々に書くと、こんな感じで長くなるから、縮約して表記したものなの」

「不確かさ、か……なるほど。だが、扉への解答は、このように長く書かずともよいのか？」

「そおねぇ。意味は同じだから、縮約して書いたからといって、はねられることはないと思うけれど」

「だが——」

「しっ！」

　人差し指を唇に当てたドリューが、フィリシアとデルタを制した。

「聞こえませんか……」

5.3
概算

　ドリューのただならぬ雰囲気に、フィリシアも耳を澄ませた。

　かすかに、なにかが流れる音。

「——水？」

　ドリューに向きなおろうと踏みだした足が、ぴちゃん、と液体を踏んだ。

　デルタが明かりを下に向ける。

　足元には、水面が揺らめいていた。靴底が浸るくらいまで溜まっている。

「水、ね」

「どこから？」

　フィリシアは周囲を見回したが、暗くてわからない。

「奥からです」

　間を置かずにドリュー。

「なぜわかる」

　訝りながらフィリシアが質した。

「見えぬであろう？」

　ドリューが、いえ、とこたえた。

「見なくても、わかります」

「なぜだ」

「隧道というのは、なかに水が溜まらないように、傾斜がつけられてるんです。

真ん中が高くなっている場合と、入り口か出口かのどちらかが高くなっている場合が、ありますけど」

「ふむ」

「いずれにしても、ここに水が溜まるということは、出口に向かって下がっているということです。つまり水は、奥からきていることになります」

「ふむ……」

「で、扉には錠がかかっていて開けることができず、鋼鉄製なので破ることもできない」

「…………」

「さらに悪いことに、その扉は内開きです。なんとか解錠できたとしても、扉が水に浸かってしまったら、水圧で開けることができなくなります」

「と、いうことは、つまり──」

「危機的な状況です」

「そんな、ここまできて……」

　フィリシアは唇を噛んだ。

「でも」

　と、デルタが冷静に指摘する。

「入り口は、開くわよね。〈篩分の門〉の扉は、戻る向きには自由に開けられるようになっているはずだけど」

「それが、ですね……」

　ドリューが頬を掻いた。

「じつは入り口は、塞がってしまって……開きません」

「ええっ?」「なんだって?」

　デルタとフィリシアは同時に声をあげた。だが、

「どういうこと?」

　とドリューにつめ寄るデルタとは対照的に、フィリシアは、はっ、と身体を引いた。

「やはりあの音、意図したものでは、なかったのだな」

「え?」「えっ?」

　今度はドリューとデルタの声が揃った。

「あれは──」

　フィリシアは射るようにドリューを見た。

「予期せぬ出来事、だったのであろ?」

「ええと、そのお……扉の外で、岩が崩落したらしくて」

「崩落……？」

　目を丸くしたデルタが、食いさがる。

「たしかあのときは、入り口を封鎖、したと……」

　が、しだいに声の調子が落ちていき、吸いよせられるように隧道の奥に目を向けた。

「……あいつね」

「はい」

　ドリューが、ちらり、とフィリシアをうかがう。

「姫には黙っておけ、といわれまして」

「…………」

　フィリシアは、かっ、と火照る頬をなだめようと、両手を握りしめた。

　ドリューがきまり悪そうにつづける。

「〈篩分の門〉を抜けるのが、最優先だから、と」

「まったく……」

　デルタが深くため息をついた。

「どうしてそういう大切なことを隠すかな、あいつは」

　フィリシアは、奥歯を噛んだ。

「つまり——」

　顔をあげ、ドリューに目を向ける。

「閉じこめられた、ということか」

「ええと、入り口は塞がれてますけど」

　といって、ドリューは扉の方に視線を逸らした。

「出口は、状況を確認しないと、ですね」

「そうね」

　デルタが扉を照らした。光の中で、水面が揺れる。

「水面が扉に届いたばかりだし、水嵩もわずかずつしか上がってこないようだから、時間的な猶予はありそうね」

「どのくらい、ですかね」

「そおねぇ」

　といいながら背嚢をおろし、物差しを取りだす。

「ちょっと、測ってみましょうか」

「ちょ、ちょ、ちょっと待て」

　フィリシアはデルタの腕を取った。

「測るとは、なにをだ？」

「扉が開けられなくなるまでの時間を」

「なにを悠長な。閉じこめられたのだぞ」

「あら、悠長な計算なんかしないわよ。概算をするの」

「概算？」

「ざっくりと計算してみるんです」

　と、ドリューが傍らからいった。

「正確な予測ではなくても、目安にはなるので」

「……だが、どうやって」

　デルタは、持ってて、とドリューに物差しを渡すと、パステルブルーのラサと
スタイロスを取りだし、図を描きながら説明する。

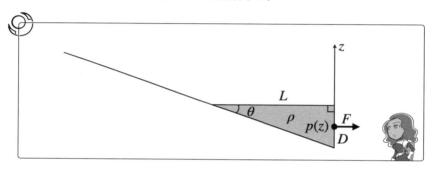

「扉を開けられなくなるのは、水が扉を押す力が、私たちが扉を引く力を超えた
時。水が扉を押す力 F は、扉にかかる水圧 $p(z)$ を水に浸かっている部分の面積で
積分するとわかって、扉の幅 w は高さにはよらないので、水深 D が決まれば決ま
る。あとは、単位時間あたりの水の増加量がわかれば、私たちが扉を引くこと
ができる力を超えるまでの時間もわかる、というわけ」

「う、うう……」

　デルタが、ふふふ、と笑った。

「順番にいきましょうね。まずは、水が扉を押す力 F から。力 F は、扉にかかる
水の圧力 $p(z)$ を、水に浸かっている部分の面積で積分すればわかって、高さ z で
の圧力 $p(z)$ は、水の密度を ρ、重力加速度を g とすると $\rho g z$ だから——」

「な、なぜ、そうなるのだ」

「静水圧といって、水の圧力というのは、それより上にある水の重量なのよ。圧
力というのは、単位面積あたりの力のことなので、密度に高さをかけて重力加速
度をかければいいの」

「…………」

「で、力 F は、扉の一番下を 0 として、高さ D まで積分すればいいのだから——」

$$F = \int_0^D p(z)w\,dz$$
$$= \int_0^D \rho gzw\,dz$$
$$= \frac{\rho gwD^2}{2}$$

「となる。いま知りたいのは、どのくらいの水深になったら扉を開けることができなくなるか、だから、これを D について解いて——」

$$D = \sqrt{\frac{2F}{\rho gw}}$$

「となるわね。ええと、水の密度 ρ は $1 \times 10^3\,\mathrm{kg/m^3}$ くらいで、重力加速度 g は $10\,\mathrm{m/s^2}$ で——」
「え？　9.8 ではないのか」
「あら、いまは概算だから、10 で構わないのよ。その方が計算が楽でしょ？」
「う、うむ……」
「で、扉の幅は——」
　とデルタがいいかけると、ドリューが、
「80 cm ってとこ、ですかね」
　と継いだ。デルタがうなずく。
「そんなものね」
「な、なぜわかるのだ。測りもせずに」
「扉の幅って、だいたい決まってるんです。もちろん、広い狭いはありますけど、見た感じでそんなものかな、と」
「そんないい加減なことで構わぬのか」
「概算ですから」

「そういう、ものなのか」

「そいういものなのよ。あとは——」

　デルタが顔をあげた。

「扉を引く力 F の大きさだけど」

　とドリューをうかがう。

「そうですね。ひとりの力としては、体重 60 kg、摩擦係数 0.5 として、300 N くらいでしょうか」

「体重？　扉を引くのは、腕の力ではないのか」

「地面に立っている人が腕で引く力は、結局のところ、地面に接する足の裏の摩擦力とつり合っているの。どんなに腕力が強くても、足が滑っては引くことはできないでしょう？」

「ふむ……だがそれだと、地面や靴底によるのではないか？」

「そうね。さまざまな状況が考えられるし、条件によって変わるのだけれど、いま知りたいのは概算。手早く結果を出して、素早く状況に対応できる方がいい。厳密な結果を求めようとして間に合わなくなったのでは、本末転倒でしょ？」

「それはまあ、たしかに」

「そのために、仮定を厳しめにしておくの。いまの場合なら、残り時間が短めに出るように——たとえば、摩擦係数を小さめに、つまり、扉を引く力を弱めに見積もっておく。そうすれば、予測した残り時間が実際の制限時間より短くなって、扉を開けられないという最悪の事態は回避できる」

「なるほど……」

「じゃあ」

　デルタはスタイロスでドリューを指して、

「ひとりの力は 300 N として——」

　と同意すると、ラサに向かって計算をする。

「ひとりで扉を開く場合の水深の限界は、0.27 m くらいになるわね」

　ドリューがうなずく。

「そんなものだと思います」

「ではつぎは、それに要する時間ね。まずは、水深 D と体積 V の関係から。簡単のために、隧道の幅いっぱいまで同じ深さで水が溜まるとして、隧道の幅を W、水面と斜面の角を θ とすると——」

$$V = \frac{1}{2}LDW$$
$$= \frac{1}{2}\frac{D}{\tan\theta}DW$$
$$= \frac{WD^2}{2\tan\theta}$$

「θ はどのくらいかしら」

デルタがドリューを仰ぐ。

「さっき見た感じでは、1 m で 3 cm、ってとこでしたね」

「そう。では、0.03 rad ね。それなら tan θ は θ でよくて——」

$$V \sim \frac{WD^2}{2\theta}$$

「となる。単位時間当たりの水の流入量を c とすると、水深が D となるまでの時間を T として、V = cT だから——」

$$T \sim \frac{WD^2}{2\theta c}$$

「になる、か。隧道の幅って——」

「4 m くらいでしょうか」

「そんなものかしらね。問題は、流入率 c だけど」

　と、スタイロスを耳に挟むとドリューから物差しを受けとり、水際に、ぺたり、と置いた。

「10 s で測ってみましょうか。とりあえず、3 回ね」

「わかりました」

　ラサにタイマーを表示させて明かりを物差しに向け、ドリューに合図を出していく。物差しに覆いかぶさるようにしていたドリューが顔をあげた。

「3回とも8cmでした」

「8mm/sね。奥行きは……3mというところかしらね」

　デルタがラサに書きこみ、計算をする。

「同じ割合で増えているのだな」

　おずおずと訊くフィリシアに、ドリューが首をふった。

「そう見えるだけです。流入率が一定なら、水際が伸びていく速さは時間の1/2乗になるはずなんですけど、短い時間間隔なのでその変化があまりよくわからないんです」

「そ、そうなの、か……」

　ドリューがうなずく。

「いまは概算したいだけなので、変化がわかるほど精密に測る必要はなくて、どのくらい水が流入しているかがわかれば十分なんです」

「な、なるほど……」

「体積の増加率は$2.88 \times 10^{-3} \mathrm{m}^3/\mathrm{s}$だから、大きめに見積もって、流入率$c$を$3 \times 10^{-3} \mathrm{m}^3/\mathrm{s}$としましょうか。すると、ひとりでは扉を開けることができなくなるまでの時間は……$1.6 \times 10^3 \mathrm{s}$、つまり、27分というところね」

「あまり、余裕はないですね」

「そうね。扉を開けることができなくなるまでの時間は水深の2乗に比例して、水深は扉を押す力の1/2乗に比例するから、限界までの時間は人数に比例する。4人なら2時間弱、というところか……ちょっとこれは、まずそうね」

「そうですね。皆さんを呼んできた方がよさそうですね」

　隧道の奥に戻ろうとするドリューを、デルタが、待って、と止めた。

「明かりが要るでしょう」

　と、背嚢からもうひとつ携行灯を取りだして、手渡す。

「私たちはここで、もうすこし調べてみる」

　ドリューは黙ってうなずいて受けとり、隧道の奥に向けて駆けていった。

　小さくなっていく明かりを見送りながら、フィリシアは、

「いくつ、灯りを持っておるのだ」

　とデルタに声をかけた。

「だって、ひとつだけだと、それが壊れたら身動きが取れなくなるでしょう。大切なのは、つねに次善の策を用意しておくこと」

「それも、物理使いの作法、なのか?」

「いいえ」

　デルタがほのかな明かりのなかで、片目を瞬きした。

「幼いころに身に付けた、生き残るための秘訣、かな」

「…………」

「いろいろ経験から学んだわ。おかげで私は、諦めが悪くなった。運命なんて、信じてやらない。だから――」

とフィリシアの手を取った。

「なんとかこの扉を開く方法がないか、やれることをやりましょう」

「……うむ」

「ではまず、扉から。隙間があれば排水できるかもしれないし、枠や蝶番を壊して外せるかもしれない」

デルタはそろそろと、ブーツのくるぶしほどまで水が溜まった扉の前まで進み、枠に沿って照明を当てながら指を這わせていく。

「――うーん。ぴったり合わさっているみたいね。隙間風も感じられない」

「蝶番はどうだ？」

照明を蝶番に当てて、デルタが首をふった。

「駄目ね。しっかりしてる」

「デルタの道具には、壊せそうなものはないのか？」

デルタが扉を、ゴンゴン、と叩いた。

「この鋼鉄の扉や蝶番を壊すには、アセチレントーチやエンジンカッターが要るわね。簡単な工具なら持っているけれど、流石にそこまでは――」

そして、扉のまわりの岩に触れながら、

「壁を抜くにも、削岩機が必要。人力では何日かかるか……」

と周囲の壁を照らした。

「そもそも扉は、なぜ内開きなのだ」

フィリシアは、デルタがふり動かす光を目で追いながら、訊いた。

「なかに閉じこめられてしまう危険は、考えなかったのだろうか」

「逆よ」

デルタがふり返った。

「内開きにしておけば、扉の向こう側になにか障害物があったとしても、開けることができるでしょ」

「……なるほど」

「でも、姫君のおっしゃることには、一理あるわね」

デルタはふたたび、なにかを探すように周囲を照らしていく。

「隧道の出口に錠をかけている以上、想定外のことが起きて閉じこめられる可能性はある。だから絶対に、外への連絡手段があるはず――」

照明の動きが止まる。

　光が照らす岩壁に、錆びの浮いた函のようなものが据えられている。近づいたデルタが蓋を開くと、中には受話器が仕込まれている。

「それで助けが呼べるのか」

　フィリシアは期待を込めた声で尋ねたが、受話器に耳を当てたデルタが小さく首をふった。

「どこにも繋がらないようね」

「だめか……」

　うなだれたフィリシアだったが、ぱっと顔をあげて、

「監視カメラはないのか」

　と尋ねる。

　デルタは眉をよせた。

「よく知らないけれど、そういう類のものが設置されているという話は、聞いたことがないわね。そもそも〈物理の迷宮〉は来るもの拒まず去るもの追わず。監視する意味はないし、自由意志を妨げるようなことをするとも思えない」

「……そうか」

「電波も透過しないから、外との通信はまず無理だし———」

　手に持つ灯りの光を下から浴びて、デルタの顔に影が差した。

「これはいよいよ、本格的に手詰まりのようね」

5.4
罠

　闇のなか、フィリシアとデルタは溜まりつづける水を避けるように、扉から離れたところに並んで腰を下ろしていた。扉の手前に据えられた卓の脚は、すでに4本とも水に浸かっている。

　フィリシアは、デルタが照らす水面をぼんやり眺めたまま、

「なあ」

　と切りだした。

「デルタはなぜ、わたしの修行に同行してくれたのだ？　その……わたしの評判は、耳に届いておろう？」

「そうねえ」

　デルタはしばらく沈黙してから、つづけた。
「忘れ物を探しに、かな」
　フィリシアはデルタに目を向けた。
「忘れ物？」
「……じつはね、あいつの他に、一緒に修行をした仲間は、もうひとりいたの」
「ん？」
「──王子様よ」
　ほのかな明かりを浴びたデルタが、ぽそり、といった。
「えっ？」
　フィリシアは声を呑んだ。
　デルタが訥々とつづける。
「そう、姫君のお兄様とも、一緒だったの……御師匠様が王子様の指導者として
塔に赴くことが決まったときに、修行仲間としてわたしとあいつを呼んだのよ」
「デルタとプライムを？　……なぜ、だ？」
「あいつは……元王族なの」
「え……」
「いまはあんな風に振る舞ってはいるけれど、本来はどこかの国の、王家のひと
り。御家騒動に巻きこまれて、この国に逃げてきたらしいの。自分では語りたが
らないから、わたしも詳しいことは知らないのだけれど」
「…………」
「私は難民で、あいつは亡命者。御師匠様は、王子様と年齢が近くてこの国との
関係が薄い者を、わざわざ選んだのね」
「……なるほど」
　デルタは、くす、と微笑んだ。
「姫君なら、わたしなんかが知らないような事情も、いろいろご存知なのでしょ
うけれど」
「い、いや……」
「ふたりともこの国の王族とは、なんの関わりもないものね。それで、御師匠様
は今回も、私たちに声をかけたのだと思う」
「そう、か」
「王子様が行方不明になったことで、修行をともにした私たちを同行させること
には、ずいぶん反発もあったと聞いたわ。よからぬ思想でも吹きこんだんじゃな
いか、ってね。でも、御師匠様は押しきった……私は感謝しているの、姫君と一
緒に、塔に入る機会をいただいたことに」

そしてデルタは、大きく伸びをした。
「あ〜あ、話しちゃった……あいつには、内緒にしておいてね」
　とフィリシアをうかがう。
「──あまり触れて欲しくは、ないみたいだから」
「承知した」
　うなずくフィリシアに、デルタが笑みを返す。
　明かりが、水面を照らす。
　ひたひたと、嵩を増しつづける水面──。
　フィリシアは、ふと顔をあげた。
　ふたたび、なあ、と口を開く。
「こうして地面に傾斜がつけられているということは、はじめから水が流れることが想定されている、ということだと、思うのだが」
「そうね」
　デルタはうながすように、短くこたえた。
「──だとすると」
　フィリシアはデルタを見た。
「ここに水が溜まるのは、おかしくはないか？」
　デルタもフィリシアと向きあう。
「私もいま、同じことを考えていたの……排水のために傾斜がつけられているのなら、最後の最後で溜まるはずがない……それに、外と連絡がつかないはずもないし、答のない問が刻まれているはずもない……」
　フィリシアはデルタと見交わした。
「これは──」
　そのとき、フィリシアを呼ぶ声がした。
　立ちあがり、隧道の奥をふり返る。
　ちらちらと揺れる明かりがひとつと、ずっと奥に小さくもうひとつ。
　デルタが携行灯を向ける。
「皆さんを呼んできました」
　駆けよるドリューを見て、フィリシアはちょっと確かめてみたくなった。
「早かったな」
「あ、いえ。お待たせして、しまって」
　息を弾ませるドリューに、わざと冷ややかに尋ねる。
「で、どう思う？」
　ドリューが、え？、と訊きかえした。

「なにを、です?」
　フィリシアは腰に手を当て、挑発するような薄目で質す。
「もう一度、確かめてきたのであろ?」
　ドリューが、ああ、と首を縦にふった。
「入り口のことですか、はい……それで、ちょっと考えてたんですけど、これっ
て——」
「謀略だ」
　フィリシアは我慢しきれず、先回りしていった。
「すくなくとも、わたしたちをここに閉じこめようとしている何者かがいる、と
いうことだ」
「そうですね」
　ドリューは事もなげに賛同した。
「……なんだ、驚かぬのか」
　拍子抜けしたフィリシアに向かって、だって、と説明をはじめる。
「入り口を塞いだ落石の前に、爆発のような不自然な衝撃を感じたんです。それ
に、出口に水が溜まるというのも、構造的におかしい。どう考えても、作為的で
すよね」
「そうね——」
　黙って聞いていたデルタが、ドリューに相槌をうった。
「こちらでもいろいろ調べてみて、まったく同じ結論に至ったのよ。こんな状況
に陥った原因が事故や故障だとするには、偶然が重ならなくてはいけない。不自
然なほどに、ね」
　唐突に、ホッホッホ、という笑い声が隧道内に響いた。
　フィリシアがふり返ると、
「難儀だな」
　と、ゼタが声をかけた。
「お師匠様!」
　横には背負い子を担いだリテラ、そのうしろに灯りを手にしたプライムの姿も
あった。
「姫さまぁっ」
　駆けだしたリテラが、フィリシアに飛びつく。
「ごめんなさい……姫さまが大変なときに、あたし、眠りこんでしまって……」
　涙目で見上げる。
「気にするでない。リテラにはお師匠様のお世話を頼んだのだ。きちんと役割を

果たしておるではないか」
「でも、でも……」
　フィリシアは、リテラの肩をそっと抱いた。
　プライムが脇を通りぬけながら、
「話はそいつから──」
　と、ドリューを指した。
「だいたい聞いたよ。おれも入り口を見てきたが、向こうから出るのは不可能
だな」
　水溜りの縁までいき、水面を照らす。そのまま奥の方に向けていくと、水嵩は
すでに、手のひらほどの高さまで達している。
「あーあ、だいぶ溜まってんな」
「なに他人事みたいにいってるのよ」
　デルタがプライムの背中に苦言を浴びせる。
「あなたも解決策を考えなさいよ」
「いや、解決策っていってもな、もう一通り試してみたんだろ、あんたのことだ
から」
「……それはまあ、そうだけど」
「だったらもう、やれることはないんじゃないのか」
　隧道内に沈黙が流れる。
「ま、この感じだと、完全に水没するまでにはしばらくかかりそうだから、助け
が来るのをゆっくり待つさ」
「外とは連絡が取れないのよ。どうやって救助を呼ぶのよ」
「いやいや、王女様がいるんだから。いつまでたっても出てこないとなれば、大
慌てで探しに来るだろ」
「だけど──」
　とデルタがいいにくそうに、フィリシアの顔をチラリと見た。
「皆、姫君のことを、その……よく知っているから、時間がかかっても、すぐに
はおかしいとは思わないのではなくて？」
　プライムが、ははは、と力なく笑った。
「間に合わなきゃ、そのときはそのときだ」
「そんなの、ダメです！」
　突然、リテラが叫んだ。フィリシアから離れて、プライムに向かう。
「姫さまは、姫さまだけは、絶対に助からなくちゃダメですっ」
「……リテラ」

「みんなで大声を出して助けを呼ぶのはどうですか？」

「あのな、岩の中だぞ。外までなんか届くかよ。音響インピーダンス、っていってだな──」

「じゃあ、扉を叩くとかは？」

「いや、無駄だよ。聞こえる範囲に人がいる期待値を見積もると──」

「じゃあ、じゃあ……」

　リテラが悔しそうに涙顔を歪めた。デルタが慰めるように、リテラの傍らに寄りそう。

　隧道内に重苦しい空気が垂れこめる。

　フィリシアは力なくうつむき、身体を抱くように両腕を胸の下で組んだ。

　そのとき、なにかを告げるかのように、短剣<rt>マンゴーシュ</rt>の柄が、コツン、と右肘に触れた。

　いつもの癖で、王家の紋章に右手を添わせて、ふっ、と顔をあげる。

　　──そうだ！　こんなときこそ……。

　フィリシアの脳裏に、亡き父の言葉がよぎった。

　　　『いいかいフレア。本当に困ったときは、躊躇うことなく、この剣を抜
　　　きなさい。きっとおまえを、窮地から救ってくれる──』

　フィリシアは水際まで進みでて、鋼鉄製の扉に正面から向きあうと、右の腰に下げた短剣の柄を左手で握り、ゆっくりと引き抜いた。

5.5
王家の証

　　──この剣を抜くと、なにが起きるというの？

　フィリシアは挑むように、鋼鉄製の扉に剣先を向けた。

　　──いったいどうやって、わたしたちを救ってくれると……？

「姫君？」

　質すようなデルタの声とともに、明かりがフィリシアに向けられた。

　青みがかった剣身が、キラリ、と冷たい光を放つ。

「なにを、なさってるの？」

　フィリシアは皆をふり返り、短剣を両手で胸の前に捧げもった。

「これは、代々我が王家に伝わる剣で、父王から賜ったものだ——」
　鍔と柄が交わるところに刻まれている王家の紋章に、目を落とす。
「本来なら兄が持つべき剣だが……病床の父に呼ばれ、わたしが持つようにと」
「ええっ？」
　デルタが驚く。
「それじゃあそれが、王位継承の証の宝刀……だったの」
　フィリシアはうなずいた。
「二振り一組の片割れだがな。そのとき父は、護身用の剣ゆえ滅多なことで抜いてはならぬ、ただし、己が危ういと感じたときは、躊躇わずに抜くように、と」
「おおっ。まさしく、伝家の宝刀、ってやつじゃないか」
　プライムが嬉しそうな声をあげた。
「もしかして、どんなものでも一刀両断にする無双の剣、とかなのか？」
　フィリシアはたしなめるように、
「そのように魔法みたいなことが、あるわけなかろう」
　と、息をついた。
　デルタも、
「迷宮の守護者たる王家に、そんな破廉恥なものが伝えられているはずないじゃない。不謹慎よ」
　と、蔑むようにプライムを睨む。
「そおですよ、お兄ちゃん。姫さまに失礼です！」
　リテラも腰に手を当てて、プライムに迫る。
「姫さまがいつも身につけていらっしゃる大切なお品ですよ。愚弄するなんて、お兄ちゃんでも許しませんからねっ」
「じゃあ——」
　プライムが、
「なんの御利益があって、躊躇なく抜け、なんていうんだ？」
　と居直る。
「それは……」
　リテラが困ったようにうつむき、横目でフィリシアを見た。皆の視線も、吸いよせられるようにフィリシアに集まる。
　フィリシアはあらためて、短剣に目を凝らした。
　曇りのない刃に映った蒼い瞳が、静かに見つめ返してくる。
　　——短いけれど、鋭い剣身……人を殺めることのできる武器。恐ろしい
　　　　はずなのに……なぜだろう、不思議と心が静まる。

162

胸の前で、剣身を返す。

　——飾りがたくさんあって重たい、返しのある鍔……攻めるためではな
　　く、護るための剣……利き手ではなく、あえて逆の手で抜く剣……
　　あのとき、お父様はなんとおっしゃっていたっけ……。

『どんな状況にあっても、つねに凛としていなさい。武器を身に纏う者
は、力を持つことになる。力を持つからこそ、謙虚であらねばならぬ。
謙虚さというのは、人に対してだけではないよ。自然に対しても同じこ
とだ』

　フィリシアは、すっ、と顔をあげた。
「……そうか」
　そのとき、背後からカツカツと杖の音が近づき、肩に手が置かれた。
「扉の鍵として定める問には、かならず符合する答がある」
　フィリシアは剣を、カチリ、と鞘に収めた。ふり返るとゼタに目を合わせ、こく、
とうなずく。
　ゼタが満足そうに、ホッホッホ、と笑った。
「これは勇み足であったか」
　と、フィリシアに背を向け、去っていく。
「いえ……ご忠告、感謝します。確信が持てました」
　背中に礼をいうフィリシアにこたえるように、ゼタが杖を掲げた。
　フィリシアは踵を返すと、臆することなく溜まっている水に足を踏みいれた。
「姫さま？」「姫君？」「なんだ？」
　背後の声を気に留めることなく、そのままザブザブと鋼鉄製の扉の前まで進ん
だフィリシアは、岩壁に埋めこまれているラサに、

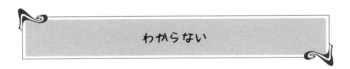

わからない

と書き、扉の把手を引いた。
　鋼鉄製の扉は、動かない。
　だが両手で握りなおし、もういちど力一杯引く。
　それでも、扉は開かない。
　諦めずに、うしろに体重をかけようとしたとき、別の手が把手を握った。

「ドリュー……」
「変わらないね、フレアは──」
　耳元で、ドリューがささやいた。
「いつもぼくを、振りまわしてくれる」
　フィリシアはちらりと微笑みかけると、力を合わせて把手を引いた。
　呆気にとられて眺めていたプライムやデルタが、バシャバシャ、と駆けよる。
　壁のラサを見て、
「なるほどな」「やるじゃない」
　と口々にいいながら把手に手をかけ、
「せえのっ」
　と、一斉に引く。
　だが、水圧に押される扉はびくともしない。
「人数ばっか多くても、力が入らないなぁ」
「引く動作では、大きな力はかけられないのよ」
「水で摩擦も減りますしね」
「おまえ、バールかなんか、持ってないのか」
「無茶いわないで。そんな長い柄物なんか、持ってないわよ」
　プライム、デルタ、ドリューが頭を寄せ、扉の前で議論がはじまりそうになっ
たとき、
「使え」
　と、杖が差しだされた。いつの間にかゼタが、リテラを伴ってすぐうしろに立っ
ている。
「こいつはいい！」
　勢いこんで受けとったプライムだったが、
「折れちまうかも、しれませんよ」
　とゼタに念を押した。
　フィリシアも恐縮して、
「よろしいのですか？」
　と尋ねる。
「構わんよ」
　ゼタが腰に後ろ手を組んだまま、笑顔を返した。
「象徴として持たせるほどの品だ。徒や疎かな材料は使ってはおらんだろう」
「そういうことなら──」
　プライムは杖を扉の把手に通し、先端を岩壁に引っかけた。

「おまえとあんたはこっちから押せ、お姫様は把手を引くんだ、いいな！」

　ドリューとデルタがプライムとともに、杖と扉がつくる狭い隙間に身体をねじ込む。フィリシアは杖を避けて把手に手をかけ、強く握った。

「よし、じゃあやるぞ──せえのっ！」

　フィリシアは、プライムの掛け声に合わせて把手を引いた。腰を落として、うしろに体重をかける。把手がたわみ、杖と擦れてギリギリと嫌な音をたてる。

「ガンバってください！」

　リテラが祈るような声援を送る。

「──動いた！」

　扉がわずかに開き、枠との間に空いた狭い隙間に、スーッと水が吸いだされていく。

「ゆるめるな！」

　扉の角度が徐々に大きくなるにつれて、しだいに流れる水の量も増えていき、遂には、溜まっていた水が一気に外に溢れでて、扉を押さえる力が感じられなくなった。

「やった！」「開いた！」「姫さまぁ！」

　リテラが飛びあがってフィリシアに駆けよった。

　プライムが杖を把手から抜きとる。柄にできた擦れ痕や凹みを確かめるようにさすりながら、

「瑕、つけちまいました」

　とゼタに差しだした。

　フィリシアはリテラに手を取られながら、

「申し訳ありません……」

　と謝るが、杖を受けとったゼタは、コッ、と地面にひと突きすると、

「御前が己の思考と真摯に相対した証だ。よい銘記となりこそすれ、なにを悔やむことがあろうか」

　といって、ホッホッホ、と笑い声をあげた。

　フィリシアも、えへへ、と笑って、目頭に溜まった涙をごまかした。

Epilogue

「外だ」

　岩壁に穿たれた戸口を抜け、わたしは空を見上げた。

「すっかり暮れてしまったのだな」

　漆黒の空には、手が届きそうな満天の星。まるで宇宙にいるみたいな気がして、しばし見惚れてしまう。

　爽やかな夜風が、火照った頬に心地よい。

　首が痛くなるほど見上げてから、視線を水平にもどす。すっかり暗闇に慣れてしまったせいか、星明かりだけなのに、なだらかに下る斜面と踏み跡のような小路が、おぼろげに見える。のたうつ水跡が、生々しい。

　周囲に目を向けると、まわりをぐるりと囲む黒々とした稜線と、その山塊に包みこまれるような星空……を映した湖面だろうか。だが、建物のようなものはひとつも見当たらない。

　背後から明かりが差した。

「おめでとう、姫君」

　デルタの声。

　ふり返ると、足元を照らしながら大きな背囊を揺らしてやってくる。

「ついに〈篩分の門〉を攻略したわね」

「ありがとう」

　デルタが、ふふふ、と笑う。

「最後はちょっぴり、想定外だったけれど」

「……うむ」

「いろいろと教えられたわ。姫君にも、その──」

　と、わたしの腰に明かりを向ける。

「王家の宝剣にも」

　柄に刻まれた紋章に、そっと右手を添わせる。いつもの感触。でもなんだか、いつもより誇らしい。

「わたしはなにも……」

「そんなことない。ありがとう」

「礼など……」

「でも、これからが肝心──」

　そこでデルタは、表情をひき締めた。

「お願いを、忘れないでくださいね」

「うむ、約束だ」

　と真顔で受けてから、

「こちらの約束も、な」

　と、笑みを交わす。

「ところで——」

　もういちど、まわりを眺める。

「本当にここが、〈物理の迷宮〉……なのか？」

「そう。ここが、迷宮の入り口」

「……塔が、見当たらぬが」

「塔が建っているのは——」

　デルタは道の先を照らすように、携行灯を水平に向けた。

「湖の対岸」

　明かりが指す先に、目をこらす。

　でも、険しい稜線に破りとられたような星空と、星々を映す湖面が見えるだけ。その間を隔てる漆黒の山影に、塔のような建物を見ることはできない。

「あら、ここからでは無理よ」

　そしてデルタは、星空を見回した。

「それに、月も出ていないのでは、ね」

　デルタの吐息が夜空に解けていき、静寂が降りてくる。

　穏やかな風が、髪を揺らす。

「どうやって、対岸まで行くのだ？」

「舟で」

　デルタの明かりが今度は、湖の手前を指した。

　湖畔に下る小路の先に、簡素な桟橋とそこに繋がれた小舟が、かろうじて判別できる。

「いつもなら、この通路にも桟橋にも灯りが点いているのだけれど、どちらも駄目みたいね」

「どうりで暗いわけだ」

「戻ったら、文句をいわないとね」

　デルタが、ふふふ、と笑った。

　ふと、さきほどから感じていた違和感を口にしてみる。

「なぜ、こちらの出口は、塞がれていなかったのだろうか」

　デルタはしばらく考えて、

「迷宮内の人に見つかることを、恐れたのでは？」
　とこたえた。
「では、入り口はどうなのだ」
「いえ、そちら側は気にしなくていいのよ。姫君が無事に〈篩分の門〉を通過するまでは、うしろからは誰も来ないように、あらかじめ人払いが命じられていたの」
「なるほど……」
　納得しかけたが、やはりなにかおかしい。
「──だが、ということは、謀略の首謀者はそのことを知っていた、ということにはならぬか？」
「内部の犯行だな」
　突然、背後からプライムの声。
　ふり返ると、携行灯を手にしたプライムが、杖をついたゼタと、背負い子を担いだリテラとともに立っていた。
「少なくとも、こちらの事情に通じてる奴だ。だいたい、〈篩分の門〉の構造、つうか、施設の裏の裏まで知り尽くしてないと、こんな妨害工作なんかできるもんじゃないだろ」
「ふむ……では、誰が？」
「お姫様が物理使いになることで損をする人物、あるいは、物理使いにならないことで得をする人物……」
「そのような者が、おるのか？」
「それは、わからん。わからんが、犯人探しはおれたちの役割じゃない。おれたちの役割は──」
「皆まで申すな」
　わたしは右手をあげて、プライムを制した。
「一刻も早く塔を攻略して、わたしが物理使いになること、だ」
　そして、デルタに向きなおり、くすくす、と笑いあう。
「ずいぶん仲がいいじゃないか」
　プライムが囃す。
「いつの間に、そんな仲良しになったんだ？」
「それはそうよ──」
　デルタがわたしの腕を取る。
「だって、あの方の妹君ですもの」
　プライムは一瞬険しい表情を見せたが、すぐにそっぽを向いた。

「ほざいてろ」

　お師匠様が、ホッホッホ，と笑い声をあげ、

「では塔へと参ろうかの」

　と穏やかな口調でおっしゃると、杖をつきながら湖畔に向かう小路を下って
いった。

「あーん、待ってください、ゼタさまぁ」

　リテラがぱたぱたとあとを追っていく。

　プライムもお師匠様の足元を照らしながらついていった。

「え？　真っ暗なのに、どのように舟を進めるのですか」

　慌ててお師匠様の背中に問いかける。

「心配いらないわ。舟が勝手に連れていってくれるから」

　デルタもそういい残すと、小路を下りていってしまう。

「……舟が勝手に、だなんて、また魔法みたいな」

「いえ──」

　唐突に、傍らでドリューの声がした。小さな明かりで、小路を歩く４人の背中
を照らす。

「魔法ではありません。工学です」

「……わかってます、そのくらい」

　ぷうっ、とむくれてみせる。

「夢がないんだなぁ、きみは」

「どう思われようと勝手です。けど、工学は工学ですから」

　足音が遠ざかり、ふたたび静謐な空気があたりを包んでいく。

「──皆さんが外に出たあとで、ちょっと調べてみたんですけど」

　静寂を破るように、ドリューがいった。

「あの水、排水孔のようなところから湧きでてるんです。でも、地形的に考えて、
水脈があるとしても隧道より下のはずで、あんなところから湧いてくるはずがな
いんです。つまり──」

「謀略の首謀者は、わたしたちに近いところにいる」

　と先取りしてドリューの顔を見ると、目を丸くしている。

「……どうしてそれを」

「論理的な推論による合理的な帰結です」

　わたしは目を側めてみせるが、笑いを堪えることができず、ぷっ、と吹きだし
てしまった。

「という話を、さっき皆としていたの」

「──なんだ、そうだったんですね」

　ドリューが、そういえば、と思いだしたように訊く。

「あれが封鎖の音じゃないのは、どうして分かったんです？」

「王族の魔力を見くびるでないぞ」

　と険しい顔をして見せてから、くす、と笑う。

　きみは、わたしには嘘はつけないの──幼い頃から、鼻の頭を掻くときは、なにかやましいことがあるとき……でも、教えてあげない。

　胸の前で指を組んで、ふっ、と小さく息をついた。

「さっき、フレア、って、呼んでくれたね」

「え……？」

「わたし、自信がなかったの」

　狼狽えてるドリューに、うちあける。

「ううん、ちょっと違うな。いまでも、自信なんかない。でもいまは、なんとかやれそうな気がしてる」

「うん」

「わたし、物理使いのことを誤解してた。皆んな自分勝手で、細かいことにうるさくて、訳のわからない記号でたぶらかして──」

　ドリューが、クスクス、と笑った。

「いや、実際、そんな人たちばかりだけど」

「それも、そう！」

「え？」

「相手の話を、いや、って否定で受ける！」

「はは……面目ない」

「でもね、違ってた。それは、宇宙の真理を追求する者として、互いに揺るがない信頼を置いてるからだ、ってわかったの。自分勝手に見えたのは、他人（ひと）におもねることをしない心意気。細かいことにうるさいように見えたのは、慎重に進めるための気配り。訳のわからない記号に見えたのは、世界中の人と誤解なく通じあえるようにするための言葉、だって」

「うん」

　そう。いまなら、悪夢にうなされ、途方に暮れてた今朝のわたしに、こういってあげられる。

「物理って、閉鎖的でもないし、非人間的でもない。心もあるし、愛もある。誰にでも開かれた、血が通った人の営みなんだ、って」

　ドリューが嬉しそうに頬を緩めた。

「ようこそ、〈物理の迷宮〉へ」
　そして一歩前に出ると、わたしに片手を差しだす。
「まだ、濡れた足跡をつけただけ、だけどね」
「……うん」
　わたしは小さくうなずくと、ドリューの手をとり、桟橋に向けて足を踏みだした。

あとがき

　最後まで読んでいただいた方，ありがとうございました。いかがでしたでしょうか。お楽しみいただけたのなら、この上ない喜びです。

　とりあえず「あとがき」から目を通していらっしゃる方、はじめまして。ネタバレはありませんので、安心してこのまま読みすすめてください。

　この本は、ファンタジー世界での物語、という形式をとってはいますが、扱われているのは現実世界での物理です。シリアスゲームの物理版、ゲーミフィングのファンタジー版といった感じの、一種のエデュテイメントです。ファンタジーと物理が共存だなんて、おかしな本ですね。なぜこのような本を書いたのか、について、ちょっとだけ明かしておきます。

　きっかけは、物理の面白さをより多くの方に感じていただきたい、というささやかな希望です。小学校の理科の実験は、みんな大好きです。それなのに、大人になるとどうしてこうも物理は嫌われるのでしょうか。いえ、大人になるから嫌われる、というわけではなさそうです。宇宙や天文の話題は、しばしばマスメディアにも取りあげられ、ときとして盛りあがります。それなのになぜ、物理は毛嫌いされるのでしょうか。こんなに面白いのにもったいない——というのが、動機です。

　この本には、物理をはじめて学ぶときに「あれ？」と思いながらも他人には訊けないようなことや、当たり前すぎて教科書には書かれない「常識」や「暗黙知」のようなことが、ことさらに書いてあります。また、中学理科や高校物理と大学で学ぶ物理との空隙を埋めることにも気を配りました。あ、それから、それなりのボリュームがなければファンタジー本とはいえないので、そのあたりにも念を入れました。

　教科書が面と向かって教えてくれる先生だとしたら、この本は傍らに寄り添いながら一緒に考えてくれる仲間です。まずは、フィリシアの物語を楽しんでください。

　さてさて、物理使いに求められる心得や作法を身につけて〈篩分の門〉を突破した、〈物理の迷宮〉を守護する国のプリンセス・フィリシアと、フィリシアを支える個性豊かな物理使いたちは、いよいよ修行のための塔へと向かいます。その物語は、またの機会に。

　2021 年 振るような星空に包まれた圏谷の湖畔にて

佐　藤　　実

参考文献

この本を書くために参考にした本や、より進んだ勉強をしたい方のための本や資料を、いくつか紹介します。

物語形式で物理を語る、という着想を得た本です。

［1］ 結城浩『数学ガール』SB クリエイティブ（2007）

［2］ 川添愛『白と黒のとびら オートマトンと形式言語をめぐる冒険』東京大学出版会（2013）

国際単位系 (SI) についての公式文書です。

［3］ "The International System of Units (SI) 9th edition"（2019）https://www.bipm.org/utils/common/pdf/si-brochure/SI-Brochure-9.pdf

日本語訳は計量標準総合センターの Web ページで読むことができます。

［4］『国際単位系(SI)第 9 版 (2019) 日本語版』（2019）https://unit.aist.go.jp/nmij/public/report/SI_9th/index.html

不確かさについては、日本物理学会編『物理データ事典』朝倉書店（2006）から転載されたものを、計量標準総合センターの Web ページで読むことができます。

［5］ https://unit.aist.go.jp/mcml/rg-mi/uncertainty/docs2/UncertaintyPhysicsEncyclopedia.pdf

基礎物理定数は、科学技術データ委員会（CODATA）の基礎物理定数作業部会が発表しています。

［6］ CODATA Internationally recommended values of the Fundamental Physical Constants. https://physics.nist.gov/cuu/Constants/index.html

日本語では計量標準普及センターの Web ページで読むことができます。

［7］ https://unit.aist.go.jp/nmij/library/codata/

また、日本には毎年発行されている自然科学のデータブックがあります。

［8］ 国立天文台編『理科年表 2021』丸善出版（2021）

その他、執筆にあたって以下の本を参考にしました。

［9］ 兵藤申一『物理実験者のための 13 章』東京大学出版会（1976）

［10］ N.C. バーフォード『実験精度と誤差 測定の確からしさとは何か』丸善（1997）

［11］ 足立恒雄『数 体系と歴史』朝倉書店（2002）

［12］ G. L. Squires『いかにして実験をおこなうか 誤差の扱いから論文作成まで』丸善（2006）

［13］ マーク プレンスキー『デジタルゲーム学習 シリアスゲーム導入・実践ガイド』東京電機大学出版局（2009）

［14］ 足立恒雄『数の発明』岩波書店（2013）

［15］ 野島高彦『誰も教えてくれなかった実験ノートの書き方 研究を成功させるための秘訣』化学同人（2017）

［16］ 高木貞治『数の概念』講談社（2019）

プロフィール

Writer

佐藤 実（さとう みのる）

北海道出身。東海大学スチューデントアチーブメントセンター・理学部講師。専門は物理教育研究、宇宙エレベーター、科学映像教材。第3回日経「星新一賞」一般部門グランプリ受賞。
著書に
　『宇宙エレベーターの物理学』
　『マンガでわかる微分方程式』（以上、オーム社）
　『宇宙エレベーター　その実現性を探る』（祥伝社新書）
など。

Illustrator

pomodorosa

多摩美術大学グラフィックデザイン科卒業後、CM音楽のコンポーザー、アレンジャーになる。
CM音楽作家としてキャリアを積む傍ら、趣味としてイラストを描きはじめたのをきっかけに、小説やライトノベルの装画、キャラクターデザインなどを手がけるようになる。
「デカダンス」キャラクター原案「LISTENERS リスナーズ」キャラクター原案。
pixiv：http://www.pixiv.net/member.php?id=814837
soundcloud：http://soundcloud.com/pomodorosa
twitter：http://www.twitter.com/pomodorosa
tokyo otaku mode：http://otakumode.com/pomodorosa

◆ キャラクター原案・カバーイラスト：pomodorosa
◆ SD キャラクターイラスト：原山みりん（せいちんデザイン）

プリンセス・フィリシア　物理の迷宮に挑む！

2021 年 8 月 25 日　　第 1 版第 1 刷発行

著　　者　佐　藤　　実
イラスト　pomodorosa
発 行 者　村　上　和　夫
発 行 所　株式会社　オーム社
　　　　　郵便番号　101-8460
　　　　　東京都千代田区神田錦町 3-1
　　　　　電話　03(3233)0641（代表）
　　　　　URL　https://www.ohmsha.co.jp/

© 佐藤　実 2021

印刷・製本　壮光舎印刷
ISBN978-4-274-22742-4　Printed in Japan

本書の感想募集　https://www.ohmsha.co.jp/kansou/
本書をお読みになった感想を上記サイトまでお寄せください。
お寄せいただいた方には、抽選でプレゼントを差し上げます。